# 常见
# 鱼形态学
# 图谱

张春暖　王延晖　张 芹　主编

化学工业出版社
·北京·

**图书在版编目（CIP）数据**

常见鱼形态学图谱 / 张春暖，王延晖，张芹主编 .
北京：化学工业出版社，2025.9. -- ISBN 978-7-122
-48621-9

Ⅰ. Q959.4-64

中国国家版本馆CIP数据核字第2025YT4878号

---

责任编辑：邵桂林　　　　　　　　装帧设计：关　飞
责任校对：王鹏飞

---

出版发行：化学工业出版社
　　　　　（北京市东城区青年湖南街13号　邮政编码100011）
印　　装：北京瑞禾彩色印刷有限公司
710mm×1000mm　1/16　印张8　字数146千字
2025年10月北京第1版第1次印刷

---

购书咨询：010-64518888
售后服务：010-64518899
网　　址：http://www.cip.com.cn
凡购买本书，如有缺损质量问题，本社销售中心负责调换。

---

定　　价：**69.00元**　　　　　　　　版权所有　违者必究

# 编写人员名单

主　编

张春暖　王延晖　张　芹

副主编

徐瑞邑　王冰柯　杜　娟　孙晓辉

参　编

张春暖　王延晖　张　芹　徐瑞邑

王冰柯　杜　娟　孙晓辉　刘亚娟

齐　茜　施华娟　孙　晓　徐润泽

# 前言

根据2020年2月11日国务院办公厅发布的《国务院办公厅关于加强农业种质资源保护与利用的意见》精神，农业种质资源是保障国家粮食安全与重要农产品供给的战略性资源，是农业科技原始创新与现代种业发展的物质基础。开展渔业资源调查是保护生物多样性、可持续发展水产业的基础。

洛阳作为黄河流域重要城市，其境内有黄河、洛河、伊河、瀍河、涧河、老灌河、白河、汝河等河流，开展洛阳各县区的渔业资源详细调查、摸清洛阳地区渔业资源分布现状，可以为开展其资源开发利用打下基础。开展渔业资源调查既是落实"黄河流域生态保护"国家战略的实践，也是推动区域绿色发展的科学基础。2022年7月—2023年8月，河南科技大学、洛阳市农业技术推广服务中心和河南省水产科学院共同开展了对洛阳八大县区渔业资源的详细调查，调查方法主要有文献调查、社会访问调查和现场调查。书中的手绘图由河南科技大学艺术与设计学院徐润泽教师团队完成。

本书为读者介绍了河南省洛阳市8个县区常见的淡水鱼类，这些鱼类主要分布在洛阳市的黄河、洛河、伊河、瀍河及汝河等流域。书中从鱼类的外部特征到生活习性、从繁殖特点到生存特征进行介绍，力求以科学严谨的态度和生动细腻的笔触，并辅以精心手绘的插图，展示这些水中精灵的生命图景，以便读者能更直观地感受它们的形态之美与生态之趣，了解洛阳市的渔业资源情况。

由于编写时间仓促，图谱收录的常见鱼类数量有限，另限于作者水平，书中不当或疏漏之处在所难免，敬请读者批评指正。

编者
2025年6月

# 目录

# 第一章
# 鲟形目

# 俄罗斯鲟

**分类**：脊索动物门，脊椎动物亚门，硬骨鱼纲，鲟形目，鲟科，鲟属，俄罗斯鲟。

**英文名**：Russian Sturgeon

**拉丁文名**：*Acipenser gueldenstaedti*

**基本特征**：俄罗斯鲟（图1-1）最大可长达230厘米、重110千克，50年龄。俄罗斯鲟体高为全长的12%～14%。头长为全长的17%～19%，吻长为全长的4%～6.5%。俄罗斯鲟背骨板8～18枚，侧骨板24～50枚，腹骨板6～13枚，背鳍条数27～51，臀鳍条数18～33，鳃耙数15～31。全身被以5列骨板，吻长占头长的70%以下，吻须4根；吻端锥形，两侧边缘圆形，头部有喷水孔；口呈水平位，开口朝下，吻须圆形；身体最高点不在第一背骨板处，第一背骨板也不是最大的骨板；有背鳍后骨板和（或）臀后骨板；臀鳍基部两侧无骨板；第一背骨板通常与头部骨板分离；吻须近吻端，背鳍条数通常少于44；吻短而钝，背骨板与侧骨板间常有星状小骨片。俄罗斯鲟体色变化较大。背部灰黑色、浅绿色或墨绿色，腹部灰色或浅黄色。幼鱼背部呈蓝色，腹部白色。俄罗斯鲟背部和两侧分布有许多星状小骨板。

**生活习性**：在海水水域，俄罗斯鲟栖息在大陆架的浅水处，主要是咸水区，水深2～100米。夏季摄食期间，俄罗斯鲟栖息处水深为10～25米。在秋季和冬季，它们栖息在较深处（有时超过100米深），那里盐度较大，水温较稳定。有些较大的个体在秋季进入河流或河口，在较深的场所越冬。在里海，幼鲟在秋季向海区中心的方向迁移，在15～28米的深处越冬，当春季水温升高到6～7℃时，它们则迁移到海岸边较浅处摄食。俄罗斯鲟是江海洄游型鱼类。在里海和黑海，俄罗斯鲟溯河洄游一般始于早春，在夏季达到高峰，结束于秋末。例如在伏尔加河，俄罗斯鲟的产卵洄游始于3月末或4月初，此时水温为1～4℃。随着水温的增高和入海水量的加大，产卵洄游活动加剧，6～7月时达到高峰。当水温降至6～8℃时产卵洄游逐渐减少，至11月基本停止。在伏尔加河中进行产卵洄游的群体中包括有少量尚未完全成熟的个体，它们当年不产卵，而是分布在不同的江段，越冬后于来年春季产卵。曾有报道伏尔加河俄罗斯鲟的产卵洄游有两个高峰期，一次在春季，一次在秋季，两次洄游的规模不一。俄罗斯鲟主食软体动物等无脊椎动物，也摄食虾、蟹等甲壳类及鱼类。在海水水域，俄罗斯鲟整天不停地摄食，并在日出和日落时分形成两个摄食高峰。

图1-1　俄罗斯鲟

第二章

# 鲱形目

# 1. 短颌鲚

分类：脊索动物门，脊椎动物亚门，硬骨鱼纲，鲱形目，鳀科，鲚属，短颌鲚。

**英文名**：Coilia brachygnathus

**拉丁文名**：*Coilia brachygnathus*

**基本特征**：短颌鲚（图2-1）体形长而侧扁。上颌骨后伸不超过鳃盖后缘。无侧线。纵列鳞68~77。胸腹部具棱鳞。胸鳍上部有6根游离的丝状鳍条。臀鳍基部极长，与尾鳍相连。

**生活习性**：不同大小的个体，食性不同。体长25厘米以上的较大个体，主要以鱼虾为食；体长15厘米以下的个体，主要摄食桡足类、枝角类和昆虫幼虫；幼鱼则以浮游动物为主要食料。短颌鲚在长江中下游附属湖泊中产量很高。为纯淡水生活的种类，栖息于江河中下游河湖泊中。食水生无脊椎动物。生殖季节在5月中旬到6月中旬。分布于长江中下游及其附属水体。

图2-1 短颌鲚

# 2. 欧洲鳀

**分类**：脊索动物门，脊椎动物亚门，硬骨鱼纲，鲱形目，鳀科，鳀属，欧洲鳀。

**英文名**：Engraulis encrasicholus

**拉丁文名**：*Engraulis encrasicholus*

**基本特征**：欧洲鳀（图2-2）长约15～20厘米。体延长，略呈亚圆筒形，腹部圆，无棱鳞。吻尖突。上颌骨不伸达鳃孔。下鳃耙27～43个。假鳃发达，长于眼径。背鳍起点在腹鳍起点稍后上方。臀鳍具3不分支、13～15分支鳍条。体侧具一银灰色宽纵带，随年龄增长而渐消失。背棘（总数）0；背的软条（总数）16～18；臀棘0；臀鳍软条13～15；脊椎骨46～47。

**生活习性**：鳀鱼是一种生活在温带海洋中上层的小型鱼类，广泛分布于我国渤海、黄海和东海，其未开发资源量在300万～400万吨，是黄、东海单种鱼类资源生物量最大的鱼种，也是黄、东海食物网中的关键种。

鳀鱼分布与水温关系密切。当水温发生变化时，鳀鱼密集区也随之发生变化。越冬鳀鱼的适温范围7～15℃，最适温度为11～13℃。黄海中南部产卵盛期水温12～19℃，最适水温14~16℃。黄海北部产卵盛期最适水温为14~18℃，但最适温度的水域不一定形成密集区，在最适温度条件下，鳀鱼密集区的形成与流系和温度的水平梯度有密切关系。鳀鱼密集区多形成于最适温度水平梯度最大的冷水或暖水舌锋区。

**发育繁殖**：鳀鱼性成熟早，黄海鳀鱼1龄即达性成熟，最小叉长为6.0厘米，纯体重为1.8克，鳀鱼属连续多峰产卵型鱼类，产卵期长，产卵场主要集中在烟台外海、温州外海、海州湾渔场、海洋岛近海等。

黄海北部鳀鱼5月中下旬开始产卵，6月份为产卵盛期，之后产卵减少，一般9月份产卵结束（陈介康，1978）。最适产卵水温14～18℃；黄海中南部产卵期为5月上旬至10月上中旬，5月中旬到6月下旬为产卵盛期。产卵盛期水温12～19℃，最适水温14～16℃。平均生殖力为5500粒。

图2-2 欧洲鳀

第三章

# 鳗鲡目

# 鳗鲡

**分类**：脊索动物门，脊椎动物亚门，硬骨鱼纲，鳗鲡目，鳗鲡科，鳗鲡属，鳗鲡。

**英文名**：Freshwater eel

**拉丁文名**：*Anguilla japonica*

**基本特征**：鳗鲡（图3-1）体延长，躯干部圆柱形，尾部侧扁。头中等大，尖锥形。吻短而钝。眼较小，卵圆形。眼间隔宽阔，略显平坦。鼻孔每侧2个，前后鼻孔分离；前鼻接近上唇前缘，呈短管状，两侧鼻孔分开较远；后鼻孔位于眼正前方，裂缝状；前后鼻孔之间的距离略小于两前鼻孔间的距离。口大，端位；口裂微向后下方倾斜，后伸达眼后缘的下方；下颌稍长于上颌。齿细小，尖锐，排列成带状；上下颌齿带前方稍宽，具齿4～5行，向后渐减少至2～3行；犁骨齿带前方宽阔，具齿5～6行，向后渐减少至2～3行，呈细锥状向后延伸，后端几伸达上颌齿带后端相对的位置。唇发达。舌游离，基部附于口底。鳃孔中等大，侧位，位于胸鳍上角稍后的下方，呈纵垂直裂缝状。肛门明显位于体中部的前方。体表被细长小鳞，5～6枚小鳞相互垂直交叉排列，呈席纹状，埋于皮下，常为厚厚的皮肤黏液所覆盖。侧线孔明显，起始于胸鳍前上方的头部后缘，平直向后延伸至尾端。背鳍起点明显在肛门远前上方，其起点至鳃孔的距离约为起点至肛门距离的1.7～2.2倍。臀鳍起点与背鳍起点的距离小于头长。背、臀鳍较发达，与尾端相连续。胸鳍较发达，外缘近圆形，长略大于口裂的长度。尾鳍后缘钝尖。

**生活习性**：鳗鲡为暖温性降河性洄游鱼类，生长肥育期5～8年，并开始性成熟。亲鱼在秋末冬初由淡水水域向河口移动，随流出海，进行降河产卵洄游。入海后性腺迅速发育至成熟。产卵场约在中国台湾南部深海水域。孵出仔鳗随海流漂移，在漂流过程中由仔鳗变为扁平的柳叶鳗，进入河口前变为线鳗。每年冬季12月和翌年早春2月已有部分鳗苗到达长江口区，在河口区形成一年一度的鳗苗汛。鳗苗溯河而上，到长江各干、支流索饵、肥育、生长。成熟后又进行降河生殖洄游。鳗鲡是肉食性鱼类，主要以田螺、蛏、蟹、虾、桡足类和水生昆虫为食。不同生长阶段其摄食对象有明显变化。白仔鳗苗主要摄食轮虫、枝角类、水丝蚓、水生昆虫幼虫、贝类残渣和有机碎屑等。体重100克以上的幼鳗常追食小鱼、小虾，还可摄食各类动物尸体。

**发育繁殖**：冬季繁殖。鳗鲡在淡水中肥育，海水中繁殖。开始产卵洄游后，一般不摄食，消化器官逐渐退化，生殖腺进一步发育。雄鳗3～4龄性成熟，雌鳗的成熟比雄鳗约晚1年。一尾雌鳗的产卵量约为700万～1000万粒，产卵后因力竭而死。受精卵内有油球，产出后随海流漂浮、发育，在自然条件下经10天即可孵化出仔鳗。仔鳗体长6毫米左右，带有卵黄囊，体长7～15毫米时多分布在水深100～300厘米的水层，随着体长增长上升至水深30厘米的水层。此时，鳗苗扁平、形似柳叶，称柳叶鳗。鳗鲡孵化后1年内开始溯河。秋季，在接近沿岸区变态为白仔鳗，溯河后白仔鳗的色素增加，渐带黑色，变成黑仔鳗。

图3-1　鳗鲡

第四章

# 合鳃目

# 黄鳝

**分类**：脊索动物门，脊椎动物亚门，硬骨鱼纲，合鳃目，合鳃科，黄鳝属，黄鳝。

**英文名**：Finless eel

**拉丁文名**：*Monopterus albus*

**基本特征**：黄鳝（图4-1）是合鳃目合鳃科黄鳝属脊索动物。体细长圆柱状呈蛇形，体长20～70厘米，最长可达1米。体前段圆管状，向后渐侧扁，尾部短而尖；头部膨大长而圆，颊部隆起。口大，前位，口裂超过眼后缘；吻钝，短而扁平；口开于吻端，斜裂；上颌长于下颌，唇颇发达。上下颌及口盖骨上具细齿。眼甚小，侧上位，隐于皮下，为皮膜所覆盖。鳃裂在腹侧，鳃孔较小，左、右鳃孔在腹面相连合而为一，呈倒"V"字形。鳃膜连于鳃峡。鳃常退化由口咽腔及肠代行呼吸。无鱼鳔这类辅助呼吸的构造，而是由腹部的一个鳃孔、口腔内壁表皮与肠道来掌管呼吸，能直接在空气中呼吸。体裸露光滑无鳞片，富黏液；无胸鳍和腹鳍，背鳍、尾鳍和臀鳍均退化仅留皮褶，无软刺，都与尾鳍相联合。生活时体呈黄褐色，侧线完全，沿体侧中央直走。体背为黄褐色，腹部颜色较淡，全身具不规则黑色斑点纹，黄鳝的体色常随栖居的环境而不同。体鳗形，鳍无棘，背鳍、臀鳍延长，与尾鳍相连，无腹鳍，或极小不显著。

**生活习性**：黄鳝日间喜在多腐殖质淤泥中钻洞或在堤岸有水的石隙中穴居。白天很少活动，夜间出穴觅食。夜行性，口腔皮褶可行呼吸作用，故可直接呼吸空气。冬季与旱季时，会掘穴深至地下1～2米，数尾鱼共栖。鳃不发达，而借助口腔及喉腔的内壁表皮作为呼吸的辅助器官，能直接呼吸空气。黄鳝为肉食凶猛性鱼类，多在夜间外出觅食，能捕食落水昆虫、各种小动物，如昆虫及其幼虫，也能吞食蛙、蝌蚪和小鱼。

**发育繁殖**：黄鳝生殖季节约在6～8月，在其个体发育中，具有雌雄性逆转的特性；产卵后卵巢逐渐变为精巢；体长在36～48厘米时，部分性逆转，雌雄个体几乎相等；成长至53厘米以上者则多为精巢。黄鳝产卵在其穴居的洞口附近，产卵前口吐泡沫堆成巢，受精卵在泡沫中借助泡沫的浮力，在水面上发育，雌雄鱼都有护巢的习性。卵大，卵径2～4毫米，金黄色，富弹性。产卵时成鱼吐泡沫，在洞口积聚成团，卵量较少，不产于泡沫中，产在巢里，约7～8天可孵出幼鱼。生殖腺左侧发达，右侧退化。黄鳝自胚胎期到成熟都是雌性，

只能产卵；在产卵以后，卵巢渐转为精巢，以后就产生精子。怀卵量少，体长500毫米的雌体，怀卵500～1000粒，分批产出。刚孵出的幼鱼具有胸鳍，鳍上布满血管，经常不停地扇动，成为幼鱼的呼吸器官，稍长即行退化。当年幼鱼只能长到200毫米以内，2冬龄鱼才达性成熟，体长约340毫米。黄鳝寿命可达8～10年。

图4-1　黄鳝

第五章

# 颌针鱼目

# 青鳉

**分类**：脊索动物门，脊椎动物亚门，硬骨鱼纲，颌针鱼目，青鳉科，青鳉属，青鳉。

**英文名**：Japanese Killifish

**拉丁文名**：*Oryzias latipes*

**基本特征**：青鳉（图5-1）体长形；约腹鳍始点处体最高，侧扁，向后较侧扁且较尖；头稍短，背面平坦，向前渐甚平扁；吻钝，浅弧状。眼大，侧位，稍高，距吻端较近。眼间隔宽坦。鼻孔2个，位于口角及眼前缘附近。口上位，横浅弧状，远不达眼下方。下颌较上颌长，上、下颌均有小牙。鳃孔大，侧位，下端略不达眼下方。鳃膜游离，左右相连。鳃耙很小。第2～4上咽鳃骨有咽齿。肛门邻臀鳍始点，椎骨较多（30±0.5）。第1肋骨连第3椎骨，胸鳍条常为10。染色体2$n$=48。有中等大圆鳞，分布于眼间隔到头体各处。鳃孔往后无侧线。背鳍1个，很短小，位于背鳍后段背侧，背鳍前距为后距的4～4.2倍，背缘斜形，头长为第1～2鳍条长的1.9～2.4倍。臀鳍下缘斜直，第1～2分支鳍条最长，头长为其长的1.8～2.2倍。胸鳍侧位而稍高，鳍基上端达体侧中线上方；尖刀状，头长为其长的1.4～1.5倍，略达腹鳍始点上方。腹鳍腹位，始点距臀鳍基较距胸鳍基近，略达肛门。尾鳍后端截形或微凹。

**生活习性**：青鳉为淡水小型中上层鱼类。生活于沟渠、稻田、池塘及江、河、湖泊、水库沿岸水草丛中。喜群游于静水及缓流水区。眼球银色层很发达，自岸上看其眼呈白斑状。适应性强，水中含氧量为0.2毫克/升尚不死亡，pH9.5～10时生活尚正常。青鳉摄食棱角类、桡足类、蚊虫幼虫，亦食蓝藻、绿藻、硅藻、植物碎屑、公鱼卵、鱼苗。人工饲养，喂养热带鱼饲料、鼠类饲料（含有面粉、玉米粉、豆饼粉、高粱粉、麦麸、鱼粉及骨粉等），有关加工厂的料沫亦可喂养。

**发育繁殖**：不到1龄便性成熟，体长20毫米便性成熟，大约2～6月龄，各地水温不同，因此长短有差异，怀卵量113～257粒，天然水域产卵期4～9月，产卵水温16～29℃，以21～26℃最适宜，产卵时间在早晨，每次产卵数1～70枚，通常20～30枚之间，分批产出。一尾雌鱼在生殖季节共产1500～3000枚卵，人工饲养产卵数多于天然水域。卵径1.2～1.3毫米，卵具多个油球，卵膜上长有长、短两类丝状物。短丝均匀分布于卵膜四周，长丝约20条形成一束，产卵时

长丝一束附在卵巢膜上，另一束固着在卵膜上，使卵悬挂在母体生殖孔的后面。产出的卵约2小时后逐渐脱落，沉性卵，以丝状突起附着在水下植物上，受精卵在20～28℃水温下孵出仔鱼。

图5-1　青鳉

# 第六章

# 鲤形目

# 鲤科

## （一）鲃亚科

# 多鳞白甲鱼

**分类**：脊索动物门，脊椎动物亚门，硬骨鱼纲，鲤形目，鲤科，白甲鱼属，多鳞白甲鱼。

**英文名**：Largescale shoveljaw fish

**拉丁文名**：*Scaphesthes macrolepis*

**基本特征**：多鳞白甲鱼（图6-1）体较细长，侧扁。背部稍隆起，腹部圆。头稍长。吻钝；吻皮下包盖住上颌边缘，仅露口角处上唇，与前眶骨交界处有一明显的裂沟。口下位，横裂，口角稍向后弯，口裂较宽。下颌裸露具锐利的角质前缘。下唇仅限于口角，唇后沟长接近眼径的1/2，须2对，极细小。鼻孔在眼的前上角，距眼前缘较吻端稍近。眼中等大，在头的中上方，其上缘与鳃孔上角成   水平线。鳃盖膜在前鳃盖骨后缘的下方连于峡部。鳞片中等大，胸部鳞片稍小，埋于皮下，背鳍和臀鳍基无鳞鞘，腹鳍基外侧具一狭长的腋鳞。侧线完全，自鳃孔上角入后稍下弯，至胸鳍上方后平直地伸入尾柄中央。吻端多有珠星。背鳍外缘微内凹，末根不分支鳍条柔软，后半部分节，后缘光滑；以第一根分支鳍条最长，短于头长；起点距吻端较距尾鳍基为近。胸鳍末端远不达腹鳍起点。腹鳍起点与背鳍第三根分支鳍条相对，末端远不达肛门；臀鳍紧接肛门之后，外缘稍圆，不达尾鳍基。尾柄较粗。尾鳍叉形，最长鳍条略大于中央最短鳍条的2倍。鳃耙短小，排列较密。下咽齿细长，齿面匙状。鳔2室，前室呈椭圆形，后室细长，为前室的2.5倍左右，腹膜黑色。

**生活习性**：多鳞白甲鱼为暖温性淡水鱼类。生活在海拔270～1500米、水质清澈、砂石底质的高山溪流中。生长速度缓慢，尤其是10龄之后。生存水温4～26℃，低于2℃时会被冻死，高于28℃时会被热死，生长和生殖的最适水温为18～24℃。多鳞白甲鱼属杂食性，主要摄食体壁较薄的水生昆虫（如摇蚊的幼虫或成虫、黑纹石蚕的幼虫或茧、白川谷蜉蝣的稚虫、石蚕的幼虫、黑蚂蚁）等无脊椎动物，也摄食藻类（如螺带水绵、短发状绿苔）。取食砾石表面的藻类时，先用下颌猛铲，然后翻转身体，把食饵摄入口中。

**发育繁殖**：雄鱼3龄、雌鱼4龄达性成熟，怀卵量0.60万～1.20万粒，一次产卵型，产卵期在4月下旬至7月下旬。在砂砾底质的溪流中产卵，初排出的卵子饱满游离，橙黄色或淡黄色，附着于砂砾上孵化。

图6-1　多鳞白甲鱼

# （二）鲌亚科

# 1. 长春鳊

分类：脊索动物门，脊椎动物亚门，硬骨鱼纲，鲤形目，鲤科，鳊属，长春鳊。

英文名：White bream

拉丁文名：*Parabramis pekinensis*

基本特征：长春鳊（图6-2）俗称鳊鱼、草鳊、油鳊、长身鳊；古名槎头鳊、缩项鳊。体身侧扁，中部较高，略呈菱形，自胸基部下方至肛门间有一明显的皮质腹棱；头很小，口小，上颌比下颌稍长；无须；眼侧位；侧线完全；背鳍具硬刺；臀鳍长；尾鳍深分叉；体背及头部背面青灰色，带有浅绿色光泽，体侧银灰色，腹部银白色，各鳍边缘灰色，腹鳍至肛门之间具腹棱。体长达30余厘米，重可达2千克。银灰色。腹面腹鳍前后全部具肉棱。头小，上下颌前缘具角质突起。背鳍具硬刺，臀鳍延长。

生活习性：栖息在淡水中下层，草食性。生殖季节到流水场所产卵，卵漂浮性。分布于中国各地江河、湖泊中。生活范围较广，不论静水或流水都能生存。成鱼多栖居于水的中下层，尤其喜欢在河床上有大岩石的流水中活动；幼鱼喜栖息在浅水缓流处。鳊为草食性鱼类，主要食物有水草、硅藻、丝状藻等，亦食少量浮游生物和水生昆虫。摄食强度随季节有所变化，成鱼一般在冬季和春初摄食藻类和浮游动物，4～8月摄食水生高等植物、植物种子、湖底植物的残渣，其次是藻类和无脊椎动物。冬季很少摄食，春季从3月开始增大食量，夏季强度最大。

发育繁殖：性成熟年龄因地区而异，长江流域为2龄，北方为3～4龄。2冬龄鱼的怀卵量为2.8万～9万粒，4冬龄鱼为9.4万～26万粒。成熟的亲鱼于5～8月在有一定流水的场所繁殖，6月底至7月初为最盛期。冬季群集在江河或湖泊的深水处越冬。生长速度较缓慢而平稳。最大个体可达2千克。

图6-2　长春鳊

# 2.红鳍鲌

**分类**：脊索动物门，脊椎动物亚门，硬骨鱼纲，鲤形目，鲤科，鲌属，红鳍鲌。

**英文名**：Redfin culter

**拉丁文名**：*Chanodichthys erythropterus*

**基本特征**：红鳍鲌（图6-3）体延长，侧扁，背部显著隆起，腹浅弧形，在腹鳍基部处凹入，腹面自胸鳍基部至肛门具有一肉棱，尾柄较短。眼中大，上侧位，位于头的前半部。眼径为眼间隔的1～1.3倍。眼间隔略宽平。鼻孔每侧2个，上侧位，近于眼前缘。口中大，上位，直裂。下颌上翘，突出于上颌之前。唇薄，下唇褶连续。上颌骨后端伸达鼻孔前缘下方。无须。鳃孔大。鳃盖膜不与峡部相连。鳃耙细长，密列。下咽骨狭长。下咽齿呈端钩状。体被较小圆鳞。侧线稍下弯，后部伸延于尾柄中央。背鳍基部短，起点在腹鳍起点后上方，距吻端的距离大于距尾鳍基的距离，末根硬棘状鳍条后缘光滑。臀鳍基部长，起点在背鳍基部稍后下方。胸鳍下侧位，几伸达腹鳍起点。腹鳍较胸鳍短，起点距胸鳍起点较距臀鳍起点为近，不伸达肛门。尾鳍分叉，下叶稍长。鳍鲌体背侧灰色，腹侧银白色，腹膜白色或淡灰色，鳔分3室，中室较长大，后室极小。

**生活习性**：红鳍鲌喜栖息于水草繁茂的湖泊中，在河流中通常生活在缓流里。适应能力较强，能在碱度较大的水体中生存。生长较慢。红鳍鲌为凶猛肉食性鱼类。幼鱼以枝角类、桡足类和水生昆虫为食，成鱼以鱼、虾、螺、昆虫幼虫和枝角类等为食。幼鱼常群集，冬季在深水处越冬。

**发育繁殖**：3龄性成熟。生殖季节在5～7月间，5月中旬至6月上旬为其产卵盛期，历时约50天。亲鱼大多集中在水草繁茂的敞水区，或沿岸泄水区产卵。卵具黏性，卵粒大，卵径0.7～1.3毫米。产出后便附着在水草上发育，在马来眼子菜、聚草的茎、叶和菱的根须上，黏附的卵尤其多。产卵时亲鱼甚活跃，常跃出水面，击水之声可闻。在生殖季节雄鱼头部、背部和胸鳍的鳍条上均分布有细小、白色的珠星，尤以头部为多。

图6-3　红鳍鲌

# 3.贝氏䱗

分类：脊索动物门，脊椎动物亚门，硬骨鱼纲，鲤形目，鲤科，䱗属，贝氏䱗。

**英文名**：Belleville

**拉丁文名**：*Hemiculter bleekeri*

**基本特征**：贝氏䱗（图6-4）体延长，侧扁，头中大，吻短钝。眼中大，上侧位，位于头的前半部。眼间隔宽而微凸。口中大，上位，斜裂。下颌显著上翘，突出于上颌之前。唇薄。上颌骨后端伸达鼻孔下方或稍后。无须。鳃孔大。鳃盖膜不与峡部相连。鳃耙细长，排列紧密。下咽骨狭长。下咽齿末端呈钩状。体被中等大圆鳞，薄而易脱落。侧线完全，位于体侧中轴下方，前部略下弯，后部平直伸达尾柄中央。背鳍基部短，距吻端距离大于距尾鳍基距离。臀鳍基部长，起点在背鳍基部末端之后下方。胸鳍下侧位，末端不伸达腹鳍起点。腹鳍起点位于背鳍起点之前下方，末端不伸达肛门。尾鳍深分叉，下叶略长于上叶。体背侧灰黑色，腹侧银白色，鳃盖后缘常具一浅黄色斑，腹膜灰黑色。鳔分2室，后室长于前室。

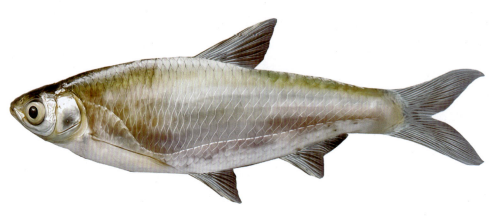

图6-4　贝氏䱗

# 4. 张氏䱗

**分类**：脊索动物门，脊椎动物亚门，硬骨鱼纲，鲤形目，鲤科，䱗属，张氏䱗。

**英文名**：Hemiculter tchangi

**拉丁文名**：*Hemiculter tchangi*

**生活习性**：张氏䱗（图6-5）为中国的特有物种，分布于长江上游流域的四川境内，体长可达22.5厘米，一般生活于江河湖泊，栖息在中底层水域。该物种的模式产地在四川。

图6-5  张氏䱗

# 5.团头鲂

**分类**：脊索动物门，脊椎动物亚门，硬骨鱼纲，鲤形目，鲤科，鲂属，团头鲂。

**英文名**：Megalobrama amblycephala

**拉丁文名**：*Megalobrama amblycephala*

**基本特征**：团头鲂（图6-6）体侧扁而高，呈菱形，背部较厚，自头后至背鳍起点呈圆弧形，腹部在腹鳍起点至肛门具腹棱，尾柄宽短。头小，侧扁，口裂水平或者略倾斜向上，口裂较宽，呈弧形，上下颌具狭而薄的角质，上颌角质呈新月形。眼中大，位于头侧，眼后头长大于眼后缘至吻端的距离。眼间宽而圆凸，上眶骨大，略呈三角形。鳃孔向前伸至前鳃盖骨后缘稍前的下方；鳃盖膜连于峡部；峡部较宽。鳞中等大，背、腹部鳞较体侧小。侧线约位于体侧中央，前部略呈弧形，后部平直，伸达尾鳍基。背鳍位于腹鳍基的后上方，外缘上角略钝，末根不分支鳍条为硬刺，刺粗短，其长一般短于头长，起点至尾鳍基的距离较至吻端为近。臀鳍延长，外缘稍凹，起点至腹鳍起点的距离大于其基部长的1/2。胸鳍末端略钝，后伸达或不达腹鳍起点。腹鳍短于胸鳍，末端圆钝，不伸达肛门。尾鳍深分叉，上下叶约等长，末端稍钝。鳃耙短小，呈片状。下咽骨宽短，呈弓形，前后臂粗短，约等长，角突显著。咽齿稍侧扁，末端尖而弯。鳔3室，中室大于前室，后室小，其长大于眼径。肠长，盘曲多次，肠长为体长的2.5倍左右。腹膜灰黑色。体呈青灰色，体侧鳞片基部浅色，两侧灰黑色，在体侧形成数行深浅相交的纵纹。鳍呈灰黑色。

**生活习性**：团头鲂比较适合于静水性生活。平时栖息于底质为淤泥、生长有沉水植物的敞水区的中、下层中。冬季喜在深水处越冬。团头鲂为草食性鱼类，鱼种及成鱼以苦草、轮叶黑藻、眼子菜等沉水植物为食，因此食性较广。

**发育繁殖**：团头鲂适于在静水水体中繁殖生长。一般3龄达性成熟，在生殖季节，雄性亲鱼在眼眶、头顶、尾柄部的鳞片上和胸鳍前部鳍条的背面，均出现许多白色"珠星"，胸鳍第一根鳍条变得比较肥厚，略呈"S"状弯曲；雌性个体在尾柄处也出现一些稀疏的"珠星"。产卵一般在夜间进行。卵为黏性，浅黄色，附着在水草上发育。团头鲂生长快，成熟早，抗病力强，能够在池塘、水库、湖泊中自然产卵繁殖。

图6-6　团头鲂

# 6.翘嘴红鲌

**分类**：脊索动物门，脊椎动物亚门，硬骨鱼纲，鲤形目，鲤科，红鲌属，翘嘴红鲌。

**英文名**：Erythroculter ilishaeformis

**拉丁文名**：*Erythroculter ilishaeformis*

**基本特征**：翘嘴红鲌（图6-7）体型较大，常见为 2～2.5 千克，最大者重达 10～15 千克。体细长，侧扁，呈柳叶形。头背面平直，头后背部隆起。口上位，下颌坚厚急剧上翘，竖于口前，使口裂垂直。眼大而圆。鳞小。侧线明显，前部略向上弯，后部横贯体侧中部略下方。侧线鳞80～93枚。腹鳍基部至肛门有腹棱。背鳍有强大而光滑的硬棘，第二棘最甚。胸鳍末端几达腹鳍基部。臀鳍长大，不分支鳍条3，分支鳍条21～25。尾鳍深叉形。其肉洁白鲜嫩，营养价值较高，每百克肉含蛋白质18.6克、脂肪4.6克，唯多细刺，故有淡水鳜鱼之称，鲜食和腌制均宜。

**生活习性**：体背浅棕色，体侧银灰色，腹面银白色，背鳍、尾鳍灰黑色，胸鳍、腹鳍、臀鳍灰白色。我国平原诸水系均产，以湖北、安徽和黑龙江省产量最高。每年6～7月和10～11月为捕捞旺季。东北地区以冬季捕捞为主，松花江所产最著名。为大型常见经济鱼类，数量较多。

**发育繁殖**：翘嘴红鲌胚胎发育可分为受精卵、胚盘形成、卵裂期、囊胚期、原肠期、神经胚期、胚孔封闭期、眼基和眼囊出现期、尾芽至肌肉效应期、心脏原基期至心脏搏动期、出膜前期共11个时期。受精卵呈灰黄或青灰色，直径0.8毫米左右，吸水后直径可达1.2毫米左右，在水温27℃条件下，受精卵历时1560min孵化，积温702℃·h；初孵仔鱼全长2.3mm左右。

图6-7 翘嘴红鲌

# 7. 寡鳞飘鱼

**分类**：脊索动物门，脊椎动物亚门，硬骨鱼纲，鲤形目，鲤科，飘鱼属，寡鳞飘鱼。

**英文名**：Pseudolaubuca engraulis

**拉丁文名**：*Pseudolaubuca engraulis*

**基本特征**：寡鳞飘鱼（图6-8）体长形，侧扁，背部较厚，腹部呈弧形，自峡部至肛门具腹棱。头长，侧扁，头长大于体高（150毫米以上个体头长小于体高），头背较平直。吻稍尖，吻长大于眼径。口端位，口裂斜，口裂末端约伸达眼前缘的下方；上下颌约等长，上颌中央具1缺刻，边缘稍波曲，下颌中央具1突起，与上颌缺刻相吻合。眼中大，位于头侧，眼后缘至吻端的距离大于眼后头长。眼间宽，隆起，眼间距大于眼径，为眼径的1.1～1.4倍。鳃孔宽；鳃盖膜在前鳃盖骨后缘的下方与峡部相连；峡部窄。鳞中大，薄而易脱落。侧线在头后呈广弧形向下弯曲与腹部平行，行于体之下半部，至尾柄处又折而向上，伸入尾柄正中。背鳍位于腹鳍的后上方，无硬刺，外缘平直，起点在前鳃盖骨后缘或眼后缘与尾鳍基之间。臀鳍位于背鳍的后下方，外缘微凹，起点至腹鳍基的距离较至尾鳍基为近。胸鳍长，尖形，末端不达腹鳍起点；胸鳍腋部具1肉瓣，其长大于或等于眼径。腹鳍短于胸鳍，起点距臀鳍起点较至胸鳍起点为近，末端不伸达肛门。尾鳍深分叉，末端尖形，下叶长于上叶。鳃耙短小，排列稀。下咽骨狭长，略呈钩状。咽齿稍侧扁，末端钩状。鳔小，2室，后室长于前室，鳔管甚细长，先在左侧盘曲2次，伸至右侧盘曲，其长为鳔全长的4倍余。肠短，呈前后弯曲，肠长短于体长。腹膜银白色。体呈银色，鳍浅色。

**生活习性**：杂食。5～6月在江河中产漂流性卵。在江河较湖泊为多。分布于黄河、长江等水系。

图6-8　寡鳞飘鱼

## （三）鲌亚科

# 1. 宽鳍鱲

**分类**：脊索动物门，脊椎动物亚门，硬骨鱼纲，鲤形目，鲤科，鱲属，宽鳍鱲。

**英文名**：Pale chub

**拉丁文名**：*Zacco platypus*

**基本特征**：宽鳍鱲（图6-9）体长而侧扁，腹部圆。头短，吻钝，口端位，稍向上倾斜，唇厚，眼较小。鳞较大，略呈长方形，在腹鳍基部两侧各有一向后伸长的腋鳞。侧线完全，在腹鳍处向下微弯，过臀鳍后又上升至尾柄正中。生殖季节雄体出现"婚装"，头部、吻部、臀鳍条上出现许多珠星，臀鳍第1~4根分支鳍条特别延长，全身具有鲜艳的婚姻色。生活时体色鲜艳，背部呈黑灰色，腹部银白色，体侧有12~13条垂直的黑色条纹，条纹间有许多不规则的粉红色斑点。腹鳍为淡红色，胸鳍上有许多黑色斑点。背鳍和尾鳍灰色，尾鳍的后缘呈黑色。鳃孔大，鳃耙短，末端尖，排列稀疏。下咽齿较细弱，顶端尖，稍弯曲。背鳍无硬刺，外缘平截，其起点至吻端的距离较至尾鳍基为近。胸鳍小，末端尖，后伸达到腹鳍基部。腹鳍小，外缘平截，其起点位于背鳍起点下方。臀鳍基部较长，雌鱼第1~2根分支鳍条稍长，外缘凹形；雄鱼第1~4根分支鳍条甚长，其他鳍条亦较长。末端多分离。尾鳍分义深，上下叶等长，末端尖。

**生活习性**：此类鱼与马口鱼生活习性相似，两种鱼经常群集在一起，喜欢嬉游于水流较急、底质为砂石的浅滩。江河的支流中较多，而深水湖泊中则少见。以浮游甲壳类为食，兼食一些藻类、小鱼及水底的腐殖物质。

**发育繁殖**：宽鳍鱲成熟卵呈圆球状，平均卵径1.04毫米，为沉性卵。在平均23.0℃（17.1~28.0℃）水温条件下，从受精卵到孵化经历73h1min，积温为1682.3℃·h；孵化后6.5天进入弯曲期仔鱼。仔鱼前期发育速度与出膜前相比明显减慢；弯曲期仔鱼出现大量死亡可能与有限的人工培育条件、混合营养期能量供给不足等原因有关。通过比较发现，宽鳍鱲与鲤科中其他21个种相比，早期发育时间比其中7个种均长。宽鳍鱲早期发育时间比同域分布、相同发育水温的马口鱼略长，明显长于同属的纵纹鱲的发育时间。宽鳍鱲南、北方种群仔鱼发育速度存在差异，北方种群出膜前发育速度比南方种群快，但出膜后发育速度减慢。

图6-9 宽鳍鱲

# 2. 平颌鱲

**分类**：脊索动物门，脊椎动物亚门，辐鳍鱼纲，鲤形目，鲤科，鱲属，平颌鱲。

**英文名**：Flat jawed catfish

**拉丁文名**：*Zacco platypus*

**基本特征**：平颌鱲（图6-10）为流线型的体型，体长10～20厘米（最大可达30厘米），体侧有约10条横带，成熟雄鱼体色会转为泛红，臀鳍变长延伸至尾鳍基部，嘴部出现追星。这两种溪哥主要的不同点在于嘴裂的深度，粗首鱲嘴裂深度可达眼睛中线至眼睛后缘，平颌鱲嘴裂较浅，仅达眼睛前缘的1/3左右。平颌鱲以素食为主，与肉食性的粗首鱲可说是"井水不犯河水"。由于两种鱼外形相似，在台湾统称为溪哥。

**生活习性**：初级性淡水鱼。性喜凉温水域，广栖于河川上中外游水域之浅流、浅濑、深流、深潭，及水库湖泊与沟渠等多种形态水域。幼鱼为杂食性，主要摄食附着性藻类；成长后转为肉食性，嗜食昆虫、小鱼及虾。

**发育繁殖**：繁殖期主要在春夏季，多只雄鱼经追逐与打斗后，胜利者与雌鱼在河床砂粒上排精、产卵。

图6-10　平颌鱲

# 3.马口鱼

**分类**：脊索动物门，脊椎动物亚门，硬骨鱼纲，鲤形目，鲤科，马口鱼属，马口鱼。

**英文名**：Opsariichthys bidens

**拉丁文名**：*Opsariichthys bidens*

**基本特征**：马口鱼（图6-11）体长而侧扁，体高略小于或等于头长，腹部圆。吻钝。口亚上位，口裂向下倾斜，上颌骨向后延伸可达眼中部垂直下方。下颌稍长于上颌，前端有一显著的突起与上颌中部凹陷相吻合，上下颌之侧缘凹凸相嵌。无口须。雄性个体在吻和颊部有发达的珠星。眼较小，侧上位。眼后头长大于吻长。眼间距约等于或稍小于吻长。体被圆鳞，中等大小，鳞片的疏密程度南方小而密集，北方大而稀疏。侧线完全，在胸鳍上方显著下弯，沿体侧下部向后延伸，入尾柄后回升到体侧中部。马口鱼背鳍起点约与腹鳍起点相对或稍前，离吻端的距离稍远于到尾鳍基部的距离。胸鳍末端稍尖，向后不达腹鳍起点。腹鳍较钝，末端也不及肛门。肛门紧挨于臀鳍之前。臀鳍条长，性成熟个体最长鳍条向后延伸可达尾鳍基部。尾鳍叉形，末端尖，下叶稍长。马口鱼下咽骨弧形，较窄。咽齿锥形，末端钩状。鳃耙稀疏。肠管长度约等于体长。鳔2室，后室长约为前室长的2倍，末端稍尖。腹膜灰白，间或带有细小的黑点。

**生活习性**：马口鱼为溪流性小型猎食性凶猛的鱼类，栖息于水域上层，通常集群活动。野生状态下喜生活于水流较急的浅滩，底质为沙石的小溪或江河支流中；在静水湖泊、水库和池塘中亦能生活，江河深水处少见。马口鱼以小鱼、小虾和各种水生动物为食，一般体长2.0～3.5厘米的稚鱼主要摄食甲壳动物和水生昆虫，但枝角类等浮游动物占相当比重，而体长10.0厘米的马口鱼已能完全吞食其他鱼类的幼鱼，摄食力强，生长迅速。第1年生长较迅速，可达7～11厘米。马口鱼捕食器官、消化系统的结构特征与其肉食性密切相关，其消化道由口咽腔、食道、肠道组成，无胃，无颌齿，具咽齿，肠道盘曲简单，分为前、中、后肠，肠指数平均值为1.04±0.15。

**发育繁殖**：马口鱼1冬龄就达到性成熟，并具有繁殖能力，为一年多次产卵类型，繁殖季节为3～8月，在华南、华东和华中地区，繁殖期一般在3～6月，而东北地区繁殖期多集中在6～8月。虽然马口鱼雌雄异形，但在幼鱼阶段雌雄不易区分，而在繁殖季节，性成熟的马口鱼雄鱼第二特征明显，体表具有鲜艳的"婚姻色"，上颌、下颌颊部、胸鳍及臀鳍布满粒状追星。不同地域的马口鱼个体生殖力差异较大，平均绝对生殖力在5000～8000粒/尾，平均体重相对生殖力在44～207粒/克体重，并与性成熟个体大小、年龄有关。还可能与所处的地理纬度有关，纬度越高体重相对生殖力越低。

图6-11　马口鱼

## （四）鲂鳊亚科

# 三角鲂

**分类**：脊索动物门，脊椎动物亚门，硬骨鱼纲，鲤形目，鲤科，鲂属，三角鲂。

**英文名**：Triangular bream

**拉丁文名**：*Megalobrama terminalis*

**基本特征**：三角鲂（图6-12）体侧扁而高，略呈长菱形，腹部圆，腹棱存在于腹鳍基与肛门之间，尾柄宽短。头短，侧扁，头长远较体高为小，吻短而圆钝，吻长等于或大于眼径。口小，端位，口裂稍斜，上下颌约等长，边缘具角质，上颌角质呈新月形，上颌骨伸达鼻孔的下方。眼较大，位于头侧，眼后缘至吻端的距离大于眼后头长。眼间宽而圆凸，眼间距大于眼径。鳃孔向前约伸至前鳃盖后缘的下方；鳃盖膜联于峡部；峡部窄。鳞中大，背、腹部鳞较体侧鳞小。侧线约位于体侧中央，前部略呈弧形，后部平直，伸达尾鳍基。背鳍位于腹鳍后上方，外缘上角尖形，第三不分支鳍条为硬刺，刺尖长，其长大于头长。背鳍起点至吻端的距离大于或等于至尾鳍基的距离。臀鳍外缘凹入，起点与背鳍基末端约相对，至腹鳍起点的距离小于臀鳍基部长。胸鳍尖形，后伸到达或不达腹鳍起点，也有的超过腹鳍起点。腹鳍位于背鳍的前下方，其长短于胸鳍，末端不达臀鳍起点。尾鳍深叉，下叶略长于上叶，末端尖形。鳃耙短，排列较稀。下咽骨宽短，呈"弓"状，前、后臂约等长，有前、后角突；主行咽齿侧扁，末端尖而弯，最后一枚齿呈圆锥形。鳔3室，中室最大，后室小而末端尖形。肠长，盘曲多次，其长为体长的2.5倍左右。腹膜银灰色。

**生活习性**：三角鲂属杂食性鱼类，每年初春就游至江河港汊和附属水体的沿岸觅食。以水生植物为食，特别喜欢吃淡水壳菜，也吃水生昆虫、小鱼、虾和软体动物等。但三角鲂食性的可塑性也很大，从低等的单细胞藻类到高等的无脊椎动物都可作为它的食物。气温超过20℃时也到上层活动，气温低于5℃时，行动缓慢，聚集在深水区石缝中过冬。

**发育繁殖**：角鲂3龄性成熟。春夏之交，成熟亲鱼群集于有流水的场所进行繁殖；卵产在卵形石底的浅水区。卵浅黄色，微黏性，卵径1.1～1.3毫米。产卵期为6～7月份，卵为浮性，体重3.5千克的雌鱼怀卵量为30万粒左右。

图6-12　三角鲂

## （五）鲴亚科

# 1. 黄尾鲴

**分类**：脊索动物门，脊椎动物亚门，硬骨鱼纲，鲤形目，鲤科，鲴属，黄尾鲴。

**英文名**：Yellow tailed catfish

**拉丁文名**：*Xenocypris davidi*

**基本特征**：黄尾鲴（图6-13）体延长，稍侧扁，腹部圆，仅肛门前有一短而不明显的腹棱，其长不过肛门与臀鳍基间距离的1/4。头小，呈圆锥形。吻钝，吻长大于眼径。眼中大，上侧位，距吻端较近，眼后头长大于吻长。眼间隔较宽，大于眼径。口小，下位，口裂稍呈弧形，下颌有较发达的角质边缘。口角无须。鳃盖膜连于峡部。黄尾鲴体被小圆鳞。侧线完全，前部稍下弯，后部行于尾柄正中。黄尾鲴背鳍具光滑硬刺，其起点至吻端的距离小于至尾鳍基的距离。胸鳍下侧位，末端不达腹鳍。腹鳍起点位于背鳍起点稍后下方，末端不达肛门，基部两侧具1～2枚长形腋鳞。臀鳍起点距尾鳍基较距腹鳍起点稍近。尾鳍叉形。黄尾鲴鳃耙短，量三角形叶片状，密列。下咽骨近弧形，较窄。下咽齿细长，主行齿侧扁，其余呈柱状。鳔2室，后室大。肠细长，肠长为体长的4.7～5.0倍。腹膜黑色。

**生活习性**：在自然环境中，黄尾鲴通常栖息于江河的中上游水段，每到繁殖季节则逆流而上，4～6月于流水浅滩产卵繁殖，然后冬季气温降低时会前往湖泊、水潭等水深的地方越冬。黄尾鲴仔鱼阶段以浮游生物为食，体长达4厘米以上转食附着藻类、水生植物的枝叶和有机碎屑。在池塘养殖条件下，鲴鱼常栖息于水下层，刮取有机碎屑、污泥杂质及水表面残渣泡沫中的裸藻等。到成鱼阶段，其摄取的主要食物为腐屑，以沿岸性着生的羽纹硅藻、双缝硅藻、双菱硅藻以及颤藻为主。成鱼食料中泥沙成分以春、夏、秋季最多，腐屑含量以冬季最大，着生硅藻、颤藻以春秋两季较多。

**发育繁殖**：1龄个体平均体长为125毫米，2龄个体平均体长为215毫米。黄尾鲴2龄即可达性成熟。繁殖季节为3月下旬至7月，其中4～5月为繁殖盛期。在繁殖期，雄鱼头部、鳃盖、鳍条上有珠星，体表粗糙，轻压腹部有精液从泄殖孔流出；雌鱼腹部膨大，有明显的卵巢轮廓，体表光滑。黄尾鲴的绝对怀卵量为12万～17万粒/尾，属一年分批产卵类型。该鱼在23～25℃水温条件下，受精卵的孵化速度仅次于银鲴，约37小时出膜。尽管鲴类多在2+龄即成熟，但黄尾鲴有时1+龄即成熟。黄尾鲴以Ⅲ期卵巢越冬，翌年3月才开始发育到第Ⅳ期，5～6月进入产卵盛期。成熟系数最高时在4月底到6月，为16.9%。

图6-13　黄尾鲴

# 2. 逆鱼

分类：脊索动物门，脊椎动物亚门，硬骨鱼纲，鲤形目，鲤科，似鳊属，逆鱼。

英文名：Reverse fish

拉丁文名：*Acanthobrama simoni*

基本特征：逆鱼（图6-14）体中等长，侧扁。背腹微隆。头较小。眼大、侧位。吻长等于眼径。口近下位，口裂弧形。背鳍末根不分支鳍条为硬刺，其长度等于或稍大于头长。背鳍起点距吻端小于或等于距尾基的距离。胸鳍不达腹鳍。腹鳍起点与背鳍起点相对或稍后。腹部在腹鳍前较圆，从胸鳍基部到肛门间有明显的腹棱。肛门贴近臀鳍。尾鳍分叉。侧线完全。体色背侧灰褐色，腹部银白色。背鳍、尾鳍浅灰色，腹鳍基部浅黄色。口小，下位，横裂；下颌角质边缘不发达。眼径与吻长相等。下咽齿1行。侧线鳞41～50。腹棱不完全，自腹鳍基部至肛门有明显的腹棱。

生活习性：常见小型鱼类，喜群集逆水溯游。以藻类（硅藻、丝状蓝藻）为主要食物，有的个体也食一些枝角类、桡足类及甲壳动物。1龄即性成熟，5～6月产卵，卵漂流性，产于急流溪河中。怀卵量1.9万～3.3万粒。个体小，繁殖快，数量较多。分布于长江水系。

图6-14　逆鱼

# 3. 似鳊

**分类**：脊索动物门，脊椎动物亚门，硬骨鱼纲，鲤形目，鲤科，似鳊属，似鳊。

**英文名**：Like a bream

**拉丁文名**：*Pseudobrama simoni*

**基本特征**：似鳊（图6-15）体侧扁，较高，头后背部稍隆起。胸鳍前腹部较圆。从腹鳍基部至肛门之间有发达的腹棱。头短小，吻短而钝。口下位，呈横裂状。唇薄。下颌有不发达的角质边缘。眼较大，位于头侧体轴中线上方，眼后头长大于吻长（前者为后者的1.5～1.9倍），眼径约与吻长相等。鼻孔在眼前缘上方，约与眼上缘相平行或稍低。鳃耙呈三角形，排列非常紧密。下咽齿侧扁。齿面呈斜切状，末端尖。背鳍较长，外缘截形；最后一根不分支鳍条为光滑的硬刺，其起点至吻端较至尾鳍基部的距离近。胸鳍较小，后伸不达腹鳍基部，约相隔2～3个鳞片。腹鳍起点在背鳍起点之前，末端后伸不达肛门，其长度大于腹鳍基至臀鳍基间距的一半。臀鳍短小，无硬刺，外缘稍内凹。尾鳍深叉形，下叶稍长于上叶，末端稍尖。尾柄短，稍高。肛门紧靠在臀鳍起点之前。鳞片较大，腹鳍基部具2个狭长的腋鳞，后一个腋鳞较长。侧线完全，前段微向腹部弯曲，以后较直，延伸至尾柄正中。生殖季节在雄鱼的吻部有白色颗粒状珠星。生活时体背部和体侧上部为浅茶褐色，体侧下部和腹部为银白色，背鳍和尾鳍为浅灰色，胸鳍和腹鳍基部浅黄色，臀鳍灰白色。为一种常见的小型鱼类，个体较小。数量较多。生长缓慢，主要以藻类、植物碎屑和甲壳动物等为食。

**生活习性**：似鳊栖息于水的中下层。喜集群逆水而游，故有"逆鱼"之称呼。平时多生活在江河的下游及湖泊中。生殖季节时喜逆水而上，进入具有一定流水环境的江河中繁殖。性成熟很早，一般2冬龄的个体，雌鱼体长达11厘米即开始成熟。6～7月间产卵。以着生藻类为食，亦食高等植物的碎片，偶尔吃一些枝角类、桡足类及甲壳动物。

**发育繁殖**：性成熟早，一般在1龄即可达性成熟，生殖季节在5～6月，常集群逆水而上，游到水流较湍急的河滩处产卵。卵无黏性，浅黄色或淡黄色，随水漂流发育孵化。怀卵量较大，一般随个体和年龄的大小有不同的变化，大约为1万～4万粒。

图6-15　似鳊

## （六）鮈亚科

# 1. 棒花鱼

**分类**：脊索动物门，脊椎动物亚门，硬骨鱼纲，鲤形目，鲤科，棒花鱼属，棒花鱼。

**英文名**：Amur false gudgeon

**拉丁文名**：*Abbottina rivularis*

**基本特征**：棒花鱼（图6-16）体稍长，粗壮，前部近圆筒状，后部略侧扁，背部隆起，腹部平直。头大，头长大于体高。吻长，向前突出，吻端稍圆。唇厚，发达。眼较小，侧上位。眼间宽，平坦或微隆起。体被圆鳞，胸部前方裸露无鳞。侧线完全，平直。背鳍发达，外缘明显外突，呈弧形。胸鳍后缘呈圆形，末端远不达腹鳍起点。肛门较近腹鳍基，约位于腹鳍基与臀鳍起点间的前1/3处。臀鳍较短，起点距尾鳍基部较至腹鳍基为近。尾鳍分叉较浅，上叶略长于下叶，末端圆。腹膜银白色。雄性个体体色鲜艳，雌体色较深暗。雄体背部、体侧上半部棕黄色，腹部银白。头背部略呈乌黑，喉部紫红，头侧自吻端至眼前缘有1黑色条纹。体侧自侧线之下的2行鳞片始至背中线的体鳞，边缘均有1黑色斑点，横跨背部有5个黑色大斑块，以背鳍基部后方及尾柄部的较显著，体侧中轴具7～8个黑斑点，各鳍为浅黄色。背、尾鳍上有多数黑点组成的条纹，通常背鳍外缘呈黑色，胸鳍上亦有少数小黑点，基部金黄。

**生活习性**：棒花鱼为底层小形鱼类，栖息于江河岔湾和湖泊泡沼中，喜生活在静水砂石底处。棒花鱼杂食性，主要摄食枝角类、桡足类和端足类等，也食水生昆虫、水蚯蚓及植物碎片。

**发育繁殖**：体长4.6厘米性成熟。繁殖期在5～6月。生殖季节雄性个体色彩鲜艳，头部及胸鳍前缘有尖刺状白色珠星。雄鱼有筑巢和护巢的习性。产卵前雄鱼常在浅静且易见阳光的水底，建一盘状深80～340毫米、直径120～430毫米的巢窝；巢穴水深6～23厘米，平均为13.6厘米，深浅不一，巢穴离岸边的位置和分布的密度也不一样，主要看底质是否适合筑巢。当棒花鱼完成筑巢后，雌鱼将卵产在鱼巢中心，雄鱼排出精液完成鱼卵受精。偶见巢穴外有少量卵粒。雌鱼产完卵后离开，雄鱼坚持在巢穴内进行护卵，当外来生物进入时便进行驱离。雌鱼怀卵量1000～2000粒，由雄鱼保护。卵分3～4次产完；卵直径包括卵膜在内2～2.5毫米。沉性，卵膜散粘在沙粒上，产卵时水温约30℃；水温平均18℃时6～8天孵出仔鱼。

图6-16　棒花鱼

# 2. 点纹颌须鮈

分类：脊索动物门，脊椎动物亚门，硬骨鱼纲，鲤形目，鲤科，颌须鮈属，点纹颌须鮈。

**英文名**：Dotted-lined gudgeon

**拉丁文名**：*Gnathopogon wolterstorffi*

**基本特征**：点纹颌须鮈（图6-17）体长为体高的3.9～4.5倍，为头长的3.8～4.3倍，为尾柄长的5.5～6.4倍，为尾柄高的10.0～12.0倍。头长为吻长的2.8～3.5倍，为眼径的3.0～3.6倍，为眼间距的3.5～4.0倍，为尾柄长的1.4～1.6倍，为尾柄高的2.6～3.0倍。尾柄长为高的1.6～2.0倍。体长，稍侧扁，腹部圆。头长略大于体高。吻短，略尖，其长度较眼后头长为小，眼较大，一般小于吻长。眼间平宽。口亚下位，上颌略较下颌长；无角质边缘。唇简单，较薄，下唇极狭窄，唇后沟中断。口角具须1对，较长，其长度等于或稍大于眼径。末端可超过眼球中央的垂直下方。鳃耙短小，不发达，排列稀疏。下咽齿主行齿侧面观呈矩形，顶端略钩曲。鳞片较大，圆形，胸腹部具鳞。侧线完全，较平直。背鳍较短，无硬刺，其起点距吻端较距尾鳍基近，约与至臀鳍末端的垂直距离相等。胸鳍较长，末端可达其起点至腹鳍起点间距离的3/4处。腹鳍位于背鳍起点稍后的下方。臀鳍短，其起点距腹鳍基较距尾鳍基略近。尾鳍分叉较深，上下叶等长，末端尖。肛门位置靠近臀鳍，位于腹鳍基与臀鳍起点间的后1/3处。脊椎骨4+（32～34）。鳔2室，前室略圆，后室粗长，其长度为前室的1.5～1.8倍。肠粗短，肠管长度为标准长的0.7～0.9倍。腹膜灰白色。

**生活习性**：栖息于中下淡水水层，杂食。

图6-17　点纹颌须鮈

# 3. 短须颌须鮈

**分类**：脊索动物门，脊椎动物亚门，硬骨鱼纲，鲤形目，鲤科，颌须鮈属，短须颌须鮈。

**英文名**：Shortbarbel gudgeon

**拉丁文名**：*Gnathopogon imberbis*

**基本特征**：短须颌须鮈（图6-18）体长，稍侧扁，头后背部稍平，腹部圆。头较小，呈锥形。吻稍短，末端较钝，吻长较眼径大。口端位，口裂稍倾斜，较宽，后端不达眼前缘下方。唇不发达，两侧叶较窄，唇后沟中断，口角须一对，很短小，其长度约为眼径的1/4。眼较小，位于头侧上方。鼻孔离眼前缘稍近。鳃耙短小，呈锥状，排列较稀疏。下咽齿主行齿较侧扁，末端呈钩状，外行齿短而细弱；背鳍较短，外缘平截，无硬刺，其起点至吻端的距离大于或等于至尾鳍基部的距离。胸鳍较短，末端圆钝，后伸不达腹鳍基部，约相隔4个鳞片。腹鳍起点与背鳍起点相对，后伸其末端达肛门前缘。臀鳍无硬刺，外缘平截，其起点至腹鳍基部的距离小于或等于至尾鳍的距离。尾鳍分叉较深，上下叶末端稍圆。肛门的位置接近臀鳍起点。胸部和腹部鳞片显著，比体侧鳞稍小。侧线完全，臀鳍起点稍向下弯曲呈弧形，后段平直。生活时背部和体侧灰黑色，背部色深，腹部灰白色。在侧线鳞以上的体侧具有数行黑色纵行细条纹，体侧中部有一条宽的黑色纵条纹，从鳃孔上方直达尾柄中部，腹鳍以后较明显。体侧有许多不规则的黑色小斑点，腹鳍以后体侧较多，背鳍条中上部有一条黑色斑纹，其余各鳍均为灰白色。

**生活习性**：栖息于淡水中。

图6-18　短须颌须鮈

# 4. 多纹颌须鮈

**分类**：脊索动物门，脊椎动物亚门，硬骨鱼纲，鲤形目，鲤科，颌须鮈属，多纹颌须鮈。

**英文名**：Gnathopogon polytaenia

**拉丁文名**：*Gnathopogon polytaenia*

**基本特征**：多纹颌须鮈（图6-19）体稍侧扁，尾柄侧扁，胸部宽而较为平坦。头部较钝。口小，斜裂。上下颌等长，颌骨后伸不达眼前缘的下方。口角具须1对，细小，其长度约为眼径的1/2。侧线完全，平直。背鳍无硬刺，其起点位置略前于腹鳍，距吻端稍近于尾鳍基。胸鳍圆形，后端不达腹鳍。腹鳍末断不达肛门。尾鳍分叉，上下叶等长，上叶较尖，肛门靠近臀鳍，位于腹鳍基与臀鳍起点间的后1/4处。体背部带黑色，沿体侧中部色深，其背部有不显著的灰色条纹，侧线下方有银色和暗黑色交替的条纹，腹部灰色，背鳍前面的鳍条具有一个黑点，其余各鳍色浅。

**生活习性**：为清水小河的中下层小杂鱼，游泳迅速。主要以底栖无脊椎动物为食，也吃丝状藻及硅藻。

图6-19　多纹颌须鮈

# 5.嘉陵颌须鮈

**分类**：脊索动物门，脊椎动物亚门，硬骨鱼纲，鲤形目，鲤科，颌须鮈属，嘉陵颌须鮈。

**英文名**：Gnathopogon herzensteini

**拉丁文名**：*Gnathopogon herzensteini*

**基本特征**：嘉陵颌须鮈（图6-20）体长，侧扁，背部在背鳍前稍隆起，腹部圆而微凸。头中等大，侧扁。吻短而钝，长度稍大于眼径。口小，端位，口裂斜，呈弧形，口宽大于口长，颌骨的末端达两鼻孔中部的下方。唇简单，不发达，唇后沟中断，口角具须1对，短小，其长度小于眼径的1/2。眼较小，眼间宽，略隆起。鳃耙短，排列稀疏。主行的下咽齿侧扁，末端略呈钩状，外行的齿纤细、鳞片较小，胸腹部具鳞。侧线较平直。背鳍无硬刺，其起点距吻端较距尾鳍基近或等距。胸鳍短而圆，末端不达腹鳍起点。腹鳍较胸鳍短，其起点稍后于背鳍起点，约与背鳍第二根分支鳍条相对，末端可伸达肛门。臀鳍短，其起点距腹鳍基较距尾鳍基近。尾鳍分叉，上下叶等长，末端圆钝。肛门位置紧靠臀鳍起点的前方。脊椎骨4+（34～35）。鳔2室，后室大于前室，长度约为前室的2.0倍。腹膜灰白色，上具许多小黑点。体背侧灰黑色，腹部灰白色，体侧上半部具有数行黑色细条纹，体中轴具一较宽的黑色纵纹，后段色深，背鳍鳍条的上半部具一黑纹，其余各鳍灰白色。

**生活习性**：分布于嘉陵江上游及汉水上游等。该物种的模式产地在甘肃徽县。

图6-20　嘉陵颌须鮈

# 6. 唇鲭

分类：脊索动物门，脊椎动物亚门，硬骨鱼纲，鲤形目，鲤科，鲭属，唇鲭。

英文名：Amur Barbel

拉丁文名：*Hemibarbus labeo*

基本特征：唇鲭（图6-21）是鮈亚科中大型鱼类，最大3.5~4千克。体长，略侧扁，胸腹部稍圆。头大，其长大于体高。吻长，稍尖而突出，长度显著大于眼后头长。口大，下位，呈马蹄形，口角向后延伸不达眼前缘。唇厚，肉质，下唇发达，两侧叶特别宽厚，具发达的皱褶，中央有1极小的三角形突起，常被侧叶所盖。唇后沟中断，间距甚窄。须1对，位置在口裂的末端，其长度略小于或等于眼径，后伸可达眼前缘的下方。眼大，侧上位，眼间较宽，微隆起。前眶骨、下眶骨及前鳃盖骨边缘具1排黏液腔，前眶骨扩大。体被圆鳞，较小。侧线完全，略平直。背鳍末根不分支鳍条为粗壮的硬刺，后缘光滑，较头长为短（约为其2/3长度），起点距吻端较至尾鳍基的距离小。胸鳍末端略尖，后伸不达腹鳍起点。腹鳍较短小，起点位于背鳍起点稍后的下方。肛门紧靠臀鳍起点。臀鳍较长，有的个体末端几达尾鳍基部，起点距尾鳍基与至腹鳍起点的距离相等。尾鳍分叉，上下叶等长，末端微圆。下咽骨宽，较粗壮，下咽齿主行略粗长，末端钩曲，外侧2行纤细，短小。鳃耙发达，较长，顶端尖。肠管粗短，为体长的0.9~1.1倍。鳔大，2室，前室卵圆形；后室长锥形，末端尖细，为前室的1.7~2.5倍。腹膜银灰色。体背青灰色，腹部白色。成鱼体侧无斑点，小个体具不明显的黑斑。背、尾鳍灰黑，其他各鳍灰白色。

生活习性：唇鲭为底层鱼类。栖息于江河上游有水流处的中下层，喜低温清水流，湖泊、水库中较少。属底栖杂食性鱼类，稚幼鱼主要摄食浮游动物、水生昆虫等；成鱼主要以水生昆虫和软体动物为食，常见的食物有蜉蝣目、毛翅目、摇蚊科幼虫以及螺、蚬等软体动物，也摄食藻类和植物碎片、小虾和小鱼。

发育繁殖：中国南方个体2冬龄时可性成熟，东北地区需3冬龄以上。产卵期在4~5月，东北地区较南方迟。成熟卵为橙黄色或灰白色，卵径1.3~1.5毫米，怀卵量一般在1万~3万粒。唇鲭受精卵皮层反应分为潜伏期、始发期、高潮期、衰退期。14~24.5℃，仔鱼不可逆点（PNR）为12~13天。在水温19.6~25.8℃，初孵仔鱼全长为（7.92±0.29）毫米，2日龄头部两侧出现感觉芽；3日龄鳔一室原基形成；5日龄红色的脾出现，仔鱼开口；7日龄卵黄囊吸收完毕；9日龄脊索末端开始向上弯曲；10日龄鳔二室形成；14日龄脊索弯曲完成，尾鳍边缘开始内凹；32日龄鳞片开始出现在鳃盖后缘的体表，同时各鳍发育完全，进

入稚鱼期；43日龄全身被鳞，进入幼鱼期。唇胚后发育可细分为卵黄囊期（0～6日龄）、弯曲前期（7～9日龄）、弯曲期（10～14日龄）、弯曲后期（15～31日龄）和稚鱼期（32～43日龄）。

图6-21　唇䱻

# 7.棒花鮈

**分类**：脊索动物门，脊椎动物亚门，硬骨鱼纲，鲤形目，鲤科，鮈属，棒花鮈。

**英文名**：Gobio rivuloides

**拉丁文名**：*Gobio rivuloides*

**基本特征**：棒花鮈（图6-22）体长，略呈圆筒形，背部不甚隆起，腹部平坦，尾柄侧扁，较短且高。头近锥形。吻稍短，吻前部略平扁，其长稍小于眼后头长。口下位，弧形。唇稍薄，结构简单，无乳突，上下唇在口角处相连。唇后沟中断。须1对，位口角，较长，末端达或稍过眼后缘的下方。眼较小，侧上位。眼间宽，平坦或微外凸。体被圆鳞，中等大，胸部自胸鳍基部之前裸露无鳞，且裸露区可自腹中线向后延伸到胸、腹鳍间的中央或至后1/3处。侧线完全，几平直。背鳍较短，无硬刺，外缘微凹，其起点距吻端与自背鳍基部后端至尾鳍基部相等。胸鳍末端圆钝，其长超过胸、腹鳍间距离的2/3。腹鳍较短，末端刚盖过肛门。肛门位置在腹鳍基部和臀鳍起点间的中点。臀鳍短小，其起点距腹鳍基部较至尾鳍基部近。尾鳍分叉，上下叶末端尖，上叶较下叶略长。下咽齿主行齿略侧扁，末端钩曲。鳃耙稀少，细长，顶端尖。肠管粗短，约为体长的0.8～1.0倍。鳔较大，2室，前后室均呈长圆形，后室长为前室的1.8～1.9倍。腹膜白色。体背深灰色，腹面白色。体侧具不明显的纵纹，沿体中轴自头后至尾基，其上有9～11个黑斑点，背中线上也有8～11个黑斑点。吻部两侧自吻端至眼下缘和鼻孔前缘各有1斜行黑条纹。背、尾鳍有多数小黑点组成的条纹，其他各鳍灰白。

**生活习性**：底层小型鱼类，栖息于泥沙底质的缓流浅水处，以摇蚊幼虫和藻类为食，6月繁殖。

**图6-22　棒花鮈**

# 8. 黄河鮈

**分类**：脊索动物门，脊椎动物亚门，硬骨鱼纲，鲤形目，鲤科，鮈属，黄河鮈。

**英文名**：Yellow River Gobi

**拉丁文名**：*Gobio huanghensis*

**基本特征**：黄河鮈（图6-23）体长为体高的4.3～5.7倍，为头长的3.8～4.1倍，为尾柄长的4.8～6.5倍，为尾柄高的10.2～11.4倍。头长为吻长的2.0～2.2倍，为眼径的5.5～6.8倍，为眼间距的3.4～4.0倍。尾柄长为尾柄高的1.7～2.2倍。体较高，背部稍隆起，尾柄稍侧扁，腹缘平直。头尖，略呈圆锥形，头长大于体高。吻突出，吻长大于眼后头长。口下位，略呈马蹄形。唇较发达，其上具许多细小乳突。口角须一对，粗长，其末端达或超过鳃盖骨后缘。眼小，侧上位。眼间宽平，眼径小于眼间距的1/2。鳞片较小，胸部裸露无鳞；侧线完全，平直，侧中位。背鳍无硬刺，其起点距吻端较距尾鳍基近。胸鳍较长大，其末端不达腹鳍起点。腹鳍末端超过肛门。尾鳍深叉形。肛门约位于腹鳍基部与臀鳍起点之中点。体背灰褐色，腹部灰白；体侧中轴有一条浅灰色纵纹，并具有5～7个大小不等的黑色斑点；由眼前缘至吻端有一明显黑色条纹。背鳍、腹鳍均具黑色条纹，其他各鳍灰白色。

**生活习性**：生活于黄土高原和青藏高原交接地带黄河干支流中，常见于河湾浅水地带。以底栖动物、摇蚊幼虫等为主要食物，兼食钩虾及底栖藻类。一般在每年5月中旬产卵。繁殖期在5月中旬至6月上旬，选择水流缓慢的宽阔河段为产卵场。数量较多，有一定经济价值。

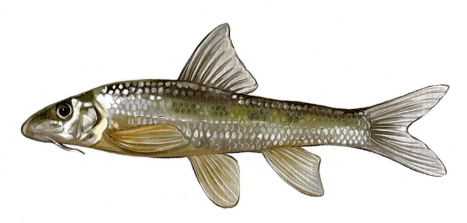

图6-23 黄河鮈

# 9.似铜鉤

分类：脊索动物门，脊椎动物亚门，硬骨鱼纲，鲤形目，鲤科，鉤属，似铜鉤。

**英文名**：Copper like minnow

**拉丁文名**：*Gobio coriparoides*

**基本特征**：似铜鉤（图6-24）体粗短，略侧扁。背鳍起点处稍高，腹部圆，尾柄稍高。头长约等于体高。吻圆钝，较短，鼻孔前方凹陷不显著，吻长小于眼后头长。眼较小，侧上位，眼间距较宽。口下位，弧形。唇较厚，结构简单，上下唇在口角处相连，唇后沟中断。口角具须1对。较长，末端向后延伸超过眼后缘的下方。鳃耙不发达。主行的下咽齿末端略呈钩状。鳞圆形，胸鳍基部之前的胸部裸露，有的个体裸露区可扩展到胸鳍基部和腹鳍起点间的后1/3处。侧线完全，平直。背鳍无硬刺，起点距吻端较距尾鳍基部近。胸鳍较长，一般可达腹鳍。腹鳍可达肛门，但不及臀鳍起点。臀鳍较短，起点距腹鳍基部较距尾鳍基部近。尾鳍深分叉形。肛门约位于腹鳍基部和臀鳍起点间的后1/4处。脊椎骨4+（35～36）。体背深褐色，腹面灰白。体背中线上有一排小黑斑，体侧线上方有一条不明显的纵行黑色条纹，在尾柄处较为显著。各鳍灰白，均无明显斑点。

**生活习性**：分布于黄河水系。

图6-24　似铜鉤

# 10.麦穗鱼

**分类**：脊索动物门，脊椎动物亚门，硬骨鱼纲，鲤形目，鲤科，麦穗鱼属，麦穗鱼。

**英文名**：Stone moroko

**拉丁文名**：*Pseudorasbora parva*

**基本特征**：麦穗鱼（图6-25）体细长，稍侧扁，尾柄较长，腹部圆。头小而略尖，上下略平扁。吻略尖而突出。眼大，眼间隔宽平。口小，上位，口裂近乎垂直，下颌较上颌长。咽头齿1列，齿式5-5。唇薄。无须。鳃耙退化，排列稀疏。体被中大型圆鳞；侧线完全而较平直。体背侧银灰色，腹侧灰白，体侧鳞片后缘具新月形黑斑。雄鱼在繁殖季节，吻部有明显之珠星。雌鱼和幼鱼体色较淡，体侧中央有一条黑色纵带。

**生活习性**：麦穗鱼为小型淡水鱼类。常生活于缓静较浅水区。为平地河川、湖泊及沟渠中常见的小型鱼类。小稚鱼以轮虫等为食，体长约25毫米时即改食枝角类摇蚊幼虫及孑孓等。耐寒力及对水的酸碱性适应力很强。

**发育繁殖**：1周龄即达性成熟。成鱼常在水域周边附近的木杆、水草及石块表面上配对产卵，而其雄鱼有护卵的习性。产卵期在晋南伍姓湖为4月初到5月底。在河南、山东稍早，在内蒙古及宁夏为5~6月。卵浓黄色，卵径约1.3毫米，为沉性黏着卵，常平铺于水下光石块及树枝等硬物体上。产卵后雄鱼护卵，怀卵量388~3060粒。

图6-25　麦穗鱼

# 11. 黑鳍鳈

**分类**：脊索动物门，脊椎动物亚门，硬骨鱼纲，鲤形目，鲤科，鳈属，黑鳍鳈。

**英文名**：Black finned fish

**拉丁文名**：*Sarcocheilichthys nigripinnis*

**基本特征**：黑鳍鳈（图6-26）体长，略侧扁，尾柄稍短，腹部圆。头较小，头长略小于体高。吻略短，圆钝，稍突出。口小，下位，呈弧形。唇较薄，下唇狭长，前伸几达下颌前缘。唇后沟中断，间隔狭窄，下颌前缘角质层较薄。须退化，一般仅留痕迹。眼小，位于头侧上方，位略前，眼后头长远大于吻长。眼间较宽，稍隆起。体被圆鳞，中等大小，侧线完全，较平直。背鳍短，无硬刺，其起点距吻端的距离远小于至尾鳍基的距离。胸鳍较短小，后缘圆钝，不达腹鳍起点。腹鳍末端可达肛门，其起点位于背鳍起点之稍后方。肛门位置约在腹鳍基与臀鳍起点间的中点。臀鳍短，起点距腹鳍基较至尾鳍基部近。尾鳍分叉，上下叶等长，末端稍呈圆钝形。下咽齿主行的最大2枚侧扁，顶端尖，稍钩曲。鳃耙不发达，甚短小。肠管较短，长为体长的0.8~0.9倍。鳔2室，前室卵圆或椭圆形，后室粗长，其长度为前室长的1.4~1.6倍。腹膜白色，略透明。体背及体侧灰暗，间杂有黑色和棕黄色斑纹，腹部白色。体侧中轴沿侧线自鳃盖后上角至尾鳍基具黑色纵纹，鳃盖后缘、峡部、胸部均呈橘黄色。鳃孔后缘的体前部具有一条深黑色垂直条纹，背鳍、尾鳍灰黑色较深，其他各鳍呈黑色。生殖期间雄鱼体侧斑纹黑色更明显，一般呈浓黑色，颊部、颌部及胸鳍基部处为橙红色，尾鳍呈黄色，吻部具有多数白色珠星；生殖期间雌鱼产卵管伸长插入蚌类外套腔产卵，体色不及雄鱼鲜艳。

**生活习性**：鳈属鱼类栖息于水质澄清的流水或静水中。喜食底栖无脊椎动物和水生昆虫，亦食少量甲壳类、贝壳类、藻类及植物碎屑。体质健壮，性情温和，喜群游，易饲养，可单养，也可混养。饲养水温为18~26℃。

**发育繁殖**：一龄鱼即可达性成熟。产卵期3~5月，分批产卵。

图6-26　黑鳍鳈

# 12. 蛇鮈

分类：脊索动物门，脊椎动物亚门，硬骨鱼纲，鲤形目，鲤科，蛇鮈属，蛇鮈。

英文名：Saurogobio dabryi

拉丁文名：*Saurogobio dabryi*

基本特征：蛇鮈（图6-27）体延长，略呈圆筒形，背部稍隆起，腹部略平坦，尾柄稍侧扁。头较长，大于体高。吻突出，在鼻孔前下凹。口下位，马蹄形。唇发达，具有显著的乳突，下唇后缘游离。上下唇沟相通，上唇沟较深。口角须1对，其长度小于眼径。眼较大。背鳍无硬刺。侧线完整且平直。体背部及体侧上半部青灰色，腹部灰白色。体侧中轴有一条浅黑色纵带，上有13~14个不明显的黑斑。背部中线隐约可见4~5个黑斑。胸鳍、腹鳍及鳃盖边缘为黄色；背鳍、臀鳍和尾鳍为灰白色。

生活习性：蛇鮈为栖息于江河、湖泊中的中下层小型鱼类，喜生活于缓水沙底处。一般在夏季进入大湖肥育，主要摄食水生昆虫或桡足类，同时也吃少量水草或藻类。雌鱼一般体长10.6厘米即达性成熟，生殖季节为4~6月，在河流中产漂浮性小卵。

发育繁殖：蛇鮈每年3~4月产卵，产卵下限温度12℃。产卵环境特点：微流水，底质为卵石和沙质的浅水河滩。集群产卵，繁殖群体的性别比为雌：雄＝8：1。卵微黏性，卵径1.0~1.1毫米，密度略大于水。在水温15.0~18.3℃条件下，观察了胚胎及胚后发育过程：受精后1小时6分，胚盘形成；再过25小时4分后，胚孔封闭。从受精到孵化历时81~82小时。初孵仔鱼全长4.5毫米，孵出后第10天，卵黄囊消失，全长6.4毫米。

图6-27　蛇鮈

# 13.长吻似鮈

分类：脊索动物门，脊椎动物亚门，硬骨鱼纲，鲤形目，鲤科，似鮈属，长吻似鮈。

英文名：Pseudogobio esocinus

拉丁文名：*Pseudogobio vaillanti longirostris*

基本特征：长吻似鮈（图6-28）体长为头长的3.2～4.0（3.7）倍，为尾柄长的7.7～8.4（8.0）倍，为尾柄高的14.5～15.8（15.0）倍。头长为吻长的1.8～2.1（2.0）倍，为眼径的5.6～6.0（5.6）倍，为眼间距的5.2～6.1（5.4）倍，为尾柄长的2.1～2.3（2.2）倍，为尾柄高的3倍。

生活习性：主要分布于东亚江河中上游的流水环境，典型栖息地为水质清澈、溶解氧充足的山溪性河道。成鱼偏好底质为粗沙砾或卵石基质的急流区，幼鱼多见于缓流浅滩；对污染水质敏感，氨氮浓度＞0.5mg/L时种群显著衰退。底栖摄食，以发达口须探测猎物。主食水生昆虫幼虫，兼食小型螺类、寡毛类及有机碎屑；觅食高峰在黄昏时段，冬季潜入深潭石隙减少活动。繁殖期集中于4～6月，水温需达16～22℃。雄鱼具短暂"婚姻色"，在砾石滩挖掘浅坑产卵；雌鱼分批产黏性卵于石缝，单次产卵量800～1500粒，卵径约1.8mm。受精卵经5～7日孵化，初孵仔鱼隐匿在石隙发育。

图6-28　长吻似鮈

# 14. 大鼻吻鮈

**分类**：脊索动物门，脊椎动物亚门，硬骨鱼纲，鲤形目，鲤科，吻鮈属，大鼻吻鮈。

**英文名**：Rhinogobio nasutus

**拉丁文名**：*Rhinogobio nasutus*

**基本特征**：大鼻吻鮈（图6-29）体长，圆筒状，腹部圆，尾柄宽，稍侧扁。头长，锥形，其长大于体高。吻长，渐向前突出，长度大于眼后头长。口下位，深弧形。唇厚，肉质，无乳突，上唇宽厚，有一深沟与吻皮分离，下唇限于口角，向前不达口前端。唇后沟中断，间距宽。下颌厚，肉质。须1对，位于口角，稍粗，其长远超过眼径。鼻孔甚大，大于眼径。眼小，位头侧之上方。眼间宽，稍隆起。体鳞较小，略呈长圆形，胸部鳞片细小，常隐埋皮下。侧线完全，平直。背鳍无硬刺，外缘微凹，其基部起点距吻端较其基部后端距尾鳍基部更近。胸鳍宽长，外缘略凹，位近腹面，其长度小于头长，末端近腹鳍起点，相距2～3个鳞片。腹鳍位置在背鳍起点之后，末端接近肛门。肛门位置近臀鳍起点，约位于腹、臀鳍间的后1/3处。臀鳍稍宽厚，其起点距腹鳍起点较其起点至尾鳍基部更近。尾鳍分叉，末端稍圆，上下叶等长。下咽齿主行略侧扁，末端稍呈钩状。鳃耙较短小，末端尖。肠道管粗，其长度与体长几乎相等，为体长的0.9～1.1倍。鳔小，2室，前室稍大，卵圆形，包被于前2/3骨质、后1/3膜质的囊内，后室短小，长形，甚尖细，后室长为前室的0.7～0.8倍。腹膜浅灰黑色。体背及体侧青灰色，腹部灰白。背鳍、尾鳍灰黑，其他各鳍灰白色。

**生活习性**：在中国，分布于黄河水系等。该物种的模式产地在甘肃。

图6-29 大鼻吻鮈

# 15.鸭绿小鳔鮈

分类：脊索动物门，脊椎动物亚门，硬骨鱼纲，鲤形目，鲤科，小鳔鮈属，鸭绿小鳔鮈。

英文名：Microphysogobio yaluensis

拉丁文名：*Microphysogobio yaluensis*

基本特征：鸭绿小鳔鮈（图6-30）分布于韩国，为特有种。本鱼眼大，高侧部，吻相当尖，触须小，体长可达10厘米，背鳍硬棘3枚；背鳍软条7~8枚；臀鳍硬棘3枚；臀鳍软条6枚；脊椎骨38~39个。栖息在底、中层水域。

图6-30　鸭绿小鳔鮈

# 16. 长体小鳔鮈

**分类**：脊索动物门，脊椎动物亚门，硬骨鱼纲，鲤形目，鲤科，小鳔鮈属，长体小鳔鮈。

**英文名**：Microphysogobio elongata

**拉丁文名**：*Microphysogobio elongata*

**基本特征**：长体小鳔鮈（图6-31）体长，纤细，稍侧扁，体高小于头长，胸腹部平坦，尾柄侧扁。头较小，近锥形。吻较尖，鼻前方凹陷，吻部显得突出。口小，下位，深弧形。唇稍发达，上唇乳突中间部分较大，近圆形，排成单行，两侧至口角的乳突小，为多行排列。通常侧面乳突仅见边缘较大的1行；下唇分3叶，中叶为1对紧靠的卵圆形肉质突起，分布有极微细的小乳突。侧叶较发达，具多数显著的乳突，口角处与上唇相连。上下颌具角质边缘。须1对，位于口角，较短，长度小于眼径。眼稍大，侧上位，眼间平坦，狭窄，眼间距小于眼径。体被圆鳞，胸鳍之前裸露。侧线完全，平直。背鳍短，无硬刺，外缘几乎是垂直截断的，其基部起点距吻端较其基部后端至尾鳍基部更近。胸鳍较长，末端尖，几达腹鳍起点。腹鳍后端圆，起点与背鳍第二、三根分支鳍条相对。肛门位置近腹鳍基，约位于腹鳍基与臀鳍起点间的前1/5～1/4。臀鳍短小，起点至尾鳍基较距腹鳍基为近。尾鳍短小，分叉较深，上下叶末端尖，等长。下咽齿纤细，侧扁，末端尖，钩曲。鳃耙不发达。鳃弓弯曲处具数枚短锥形鳃耙，其余呈瘤状小突。肠管粗短，肠长为体长的0.85～1.0倍。鳔小，2室，前室呈横置椭圆形，外被有坚韧的质膜，后室呈小指状突，露于囊外，前后室约等长，鳔全长略大于眼径，头长为其2.8～3.3倍。腹膜灰白，上具若干小黑色素点。体背暗灰黑色，腹部灰白。横跨背部有5个黑色斑块，在背鳍基部之后的斑块较为明显，沿体侧中轴有8～10个黑斑块。头侧白吻端至眼前缘有1黑条纹，背、尾鳍布有多数小黑点，其他鳍灰白。

**生活习性**：小型鱼类，喜栖居于水体底层。个体小且纤细，数量稀少，无经济价值。仅分布于西江。

图6-31　长体小鳔鮈

# 17.点纹银鮈

**分类**：脊索动物门，脊椎动物亚门，硬骨鱼纲，鲤形目，鲤科，银鮈属，点纹银鮈。

**英文名**：Squalidus wolterstorffi

**拉丁文名**：*Squalidus wolterstorffi*

**基本特征**：点纹银鮈（图6-32）体长，略侧扁，头后背部斜向隆起，胸腹部圆。头中等大，其长等于或略大于体高。吻短，稍尖，近锥形，长度常小于眼后头长。口亚下位，上颌略长于下颌，上下颌无角质缘。唇薄，简单，上下唇均较狭窄。唇后沟中断。须1对，位于口裂末端，较长，其长与眼径相等或稍长，末端超过眼中央的垂直下方。眼较大，眼间平坦。体鳞较大，胸、腹部具鳞。侧线完全，较平直。背鳍短，其起点至吻端约等于至臀鳍末端的垂直距离。胸鳍末端尖，后伸不达腹鳍起点。腹鳍较短，末端几及肛门。肛门靠近臀鳍，约位于腹鳍基与臀鳍起点间的后1/3处。臀鳍亦短。尾鳍分叉较深，上下叶等长，末端尖。主行下咽齿稍侧扁，末端尖，略钩曲；外行齿细小。鳃耙短小，排列稀疏。肠短，长度不及体长，约为其0.8~0.9倍。鳔2室，较大，前室略圆，后室长圆，后室为前室长的1.3~1.8倍。腹膜灰白色。体银灰色，背部和体侧上半部多数鳞片边缘色深，组成暗褐色的网纹，腹部灰白色。体侧中轴之上方有1黑条纹，其上具有1列暗斑，侧线每个鳞片均具1黑点，一般比较明显，黑点中间被侧线管分割为横"八"字形，上下各半。背、尾鳍色较深，臀鳍和偶鳍均为灰白色。

**生活习性**：中下层小型鱼类，体长一般不超过100毫米，较银鱼眼更小、纹更密。分布于滦河以南的东部各水系。

图6-32　点纹银鮈

# 18. 银鮈

**分类**：脊索动物门，脊椎动物亚门，硬骨鱼纲，鲤形目，鲤科，银鮈属，银鮈。

**英文名**：Chub

**拉丁文名**：*Squalidus argentatus*

**基本特征**：银鮈（图6-33）体细长，前段近圆筒形，背部在背鳍基之前稍隆起，腹部圆，尾柄部稍侧扁。头长，近锥形，一般其长常大于体高。吻稍尖。口亚下位，微呈马蹄形。上颌稍长于下颌，上下颌无角质边缘。唇薄，光滑，下唇较狭窄。唇后沟中断。须1对，位口角，较长，与眼径相等或略超过，末端后伸达眼正中的垂直下方或更后。眼大，常与吻长相等。体被圆鳞，中等大小，胸、腹部具鳞。侧线完全，几平直。背鳍无硬刺，起点距吻端较至尾鳍基部为近，约与背鳍基部后端至尾鳍基的距离相等。胸鳍末端较尖，向后伸不及腹鳍起点。腹鳍短，末端靠近或达肛门。肛门位近臀鳍，约于腹鳍基与臀鳍起点间的后1/3处。臀鳍短，其起点位于腹鳍基与尾鳍基的中点。尾鳍分叉，上下叶末端稍尖，等长。下咽齿主行侧扁，末端钩曲；外行齿细小。鳃耙较短，不发达。肠管短，多数不及体长，为体长的0.8～0.95倍，少数为1.0～1.1倍。鳔大，2室，前室卵圆，后室长圆，末端微尖，后室长约为前室的2倍。腹膜灰白色。背部银灰，体侧及腹面银白。体侧正中轴自头后至尾鳍基部有银灰色的条纹，保存在福尔马林液中此纹变黑。背、尾鳍均带灰色，其他各鳍灰白。

**生活习性**：银鮈为初级淡水鱼。喜好栖息于溪流下游地区的缓流区之深潭底部。属于下层底栖鱼类。主要以底栖水生昆虫、有机碎屑、藻类和水生植物为食。

**发育繁殖**：在中国长江5月中旬至8月上旬为繁殖季节。成熟亲鱼体长65～16毫米，重3.4～67.66克，多数为2～3龄。绝对怀卵量1732～32284粒，相对怀卵量为22147粒/克。为一次性产卵类型。成熟卵卵径为0.7～1.2毫米。卵微黏性，属漂流性卵。产卵期水温为17.5～27.0℃。产卵场一般分布在平均流速大于0.6米/秒、水流急缓交错、流态紊乱、沙量较大、有沙洲或小岛的江段。

图6-33 银鮈

# 19. 花鳕

**分类**：脊索动物门，脊椎动物亚门，硬骨鱼纲，鲤形目，鲤科，鳕属，花鳕。

**英文名**：Flower bone fish

**拉丁文名**：*Hemibarbus maculatus*

**基本特征**：花鳕（图6-34）体长，较高，背部自头后至背鳍前方显著隆起，以背鳍起点处为最高，腹部圆。头中等大，长小于体高。吻稍突，前端略扁平，其长小于或等于眼后头长。口略小，下位，稍近半圆形。唇薄，下唇侧叶极狭窄，中叶为一宽三角形明显突起。唇后沟中断，间距较唇鳍宽。须1对，位口角，较短，长度为眼径的0.5～0.7倍。眼较大，侧上位，眼间宽广，稍隆起。前眶骨、下眶骨及前鳃盖骨边缘具1排黏液腔。体鳞较小。侧线完全，略平直。背鳍长，末根不分支鳍条为光滑的硬刺，长且粗壮，其长几与头长相等，起点距吻端较至尾鳍基的距离小。胸鳍后端略钝，后伸不达腹鳍起点。腹鳍短小，起点稍后于背鳍起点，末端后伸远不及肛门及臀鳍起点。肛门紧靠臀鳍起点。臀鳍较短，起点距尾鳍基较至腹鳍起点近，其末端不达尾鳍基。尾鳍分叉，上下叶等长，末端钝圆。下咽骨较粗壮，主行下咽齿顶端钩曲，外侧2行甚纤细。鳃耙发达，粗长，为长锥状。肠管短，等于或略长于体长，为体长的1.0～1.1倍。鳔大，2室，前室卵圆形，后室末端尖细，呈长锥形，后室长为前室的1.8～2.4倍。腹膜银灰色。体背及体侧上部青灰色，腹部白色。体侧具多数大小不等的黑褐色斑点，沿体侧中轴侧线的稍上方处有7～11个黑色大斑点。背鳍和尾鳍具多数小黑点，其他各鳍灰白。

**生活习性**：花鳕性温顺，对水流较敏感，尤其是春汛繁殖期间，稍有水流即兴奋游窜，甚至跃出水面。以底栖无脊椎动物、虾、昆虫幼虫等为主食，是偏肉食性鱼类，幼鱼期以浮游动物为食，兼食一些藻类及水生植物；在人工饲养条件下可食蛋白质含量高的人工配合饲料或小颗粒饵料。

**发育繁殖**：花鳕1冬龄即达性成熟，繁殖期雄鱼色泽较雌鱼鲜艳，吻部周围和胸鳍上有明显的珠星出现，很易于识别雌雄。产卵期通常在4～6月，水温16～23℃，尤以4月中旬至5月为盛产期，产出的卵呈青色略带橘黄色，晶莹透明，具黏性，一般黏附于石砾或水草上发育。其受精卵的孵化期较长，当水温18～21℃时，在受精后145～170小时脱膜。

图6-34　花鲭

## （七）鲤亚科

# 1. 鲫鱼

**分类**：脊索动物门，脊椎动物亚门，硬骨鱼纲，鲤形目，鲤亚目，鲤科，鲫属，鲫鱼。

**英文名**：Goldfish

**拉丁文名**：*Carassius auratus*

**基本特征**：鲫鱼（图6-35），俗名鲫瓜子、月鲫仔。一般体长15～20厘米。呈流线形（也叫梭形），体侧扁而高，体较厚，腹部圆。头短小，吻钝。无须。鳃耙长，鳃丝细长。下咽齿一行，扁片形。鳞片大。侧线微弯。背鳍长，外缘较平直。背鳍、臀鳍第3根硬刺较强，后缘有锯齿。胸鳍末端可达腹鳍起点。尾鳍深叉形。一般体背面灰黑色，腹面银灰色，各鳍条灰白色。因生长水域不同，体色深浅有差异。

**生活习性**：杂食性鱼，但成鱼主要以植物性食料为主。因为植物性饲料在水体中丰富，品种繁多。维管束水草的茎、叶、芽和果实是鲫鱼爱食之物，在生有菱和藕的高等水生植物水域，鲫鱼能获得丰富的各种营养物质。硅藻和一些丝状藻类也是鲫鱼的食物，小虾、蚯蚓、幼螺、昆虫等它们也很爱吃。

图6-35　鲫鱼

# 2.锦鲤

**分类**：脊索动物门，脊椎动物亚门，硬骨鱼纲，鲤形目，鲤科，鲤属，锦鲤。

**英文名**：Koi carp

**拉丁文名**：*Cyprinus carpio*

**基本特征**：锦鲤（图6-36）体格健美、色彩艳丽、花纹多变、泳姿雄然，具极高的观赏和饲养价值。其体长可达1～1.5米。锦鲤由不同的色彩、图案和鱼鳞来区分。其中蝴蝶锦鲤于20世纪80年代才培育成功，以长而平滑的鳍出名，其实际上是由锦鲤和亚洲鲤鱼杂交而成，并不是真正的锦鲤。锦鲤的色彩包括一到数种，其中包括白、黄、橙、红、黑和蓝（一种由于鱼鳞下黑色所呈现的浅灰色阴影），颜色呈无光或有光泽。尽管图案有着无尽的变化，但最好的是头顶的圆形小斑点和背部阶梯石状图案。鱼鳞可以有，也可以没有；大或小；或者有皱褶，如同"钻石"一般。

**生活习性**：锦鲤杂食性。生性温和，喜群游，易饲养，对水温适应性强。可生活于5～30℃水温环境，生长水温为21～27℃。除水温和饵料能影响锦鲤的生长速度外，雌、雄鱼的生长也有很大的差异。锦鲤的年龄测定与多数鱼类相同，测定的鳞片的年轮数即表示锦鲤的年龄。

图6-36　锦鲤

# 3. 鲤鱼

**分类**：脊索动物门，脊椎动物亚门，硬骨鱼纲，鲤形目，鲤科，鲤属，鲤鱼。

**英文名**：Common carp

**拉丁文名**：*Cyprinus carpio*

**基本特征**：鲤鱼（图6-37）体纺锤形，中等侧扁；头亦侧扁；吻钝，鱼愈大较眼径愈长。眼位于头侧上方，后缘距头后端较距吻略远。眼间隔微圆凸。鼻孔距眼较距吻端近。口前位，稍低，圆弧状，达鼻孔下方。唇仅口角处发达。须2对；吻须细弱，长约等于眼径；上颌须粗大，达瞳孔中央。鳃孔大，侧位，下端达前鳃盖骨角后下方附近。鳃盖膜连鳃峡，互连。鳃膜条骨3个。鳃耙短小，最长约等13眼径，鳃耙为双列型，外行鳃耙内侧与内行鳃耙外侧有许多小突起。下咽齿呈臼齿状，齿面有黑沟纹，纹数与鱼冬龄常一致。肛门位于臀鳍略前方。鳔分2室。圆鳞中等大，前端较横直，鳞心约位于中央，微凸，向后有辐状纹。侧线侧中位，前端稍高。背鳍最后一硬刺发达，后缘两侧向下有倒齿；第1分支鳍条最长，头长为其长的1.7～2.2倍。臀鳍短，头长为第1臀鳍条长的1.7～2.4倍。胸鳍侧位而低，圆刀状，头长为第3～4鳍条长的1.3～1.7倍，约达背鳍始点下方。腹鳍始于第1～2背鳍条基下方，亦呈圆刀状，头长为其长的1.5～1.9倍，不达肛门。尾鳍深叉状。鲜鱼背侧蓝黑色；两侧及腹面小鱼为银白色，大鱼渐有金黄色光泽。体侧鳞后缘较暗，中央黑斑状。背鳍及尾鳍淡红黄色，其他鳍金黄色。唇黄红色。虹彩肌金黄色。栖息在浑水或多草处体色较黄，清水处体色较淡。

**生活习性**：鲤为淡水中下层鱼类，杂食，尤其喜好营养丰富、底层或水草繁生的水域。对生存环境适应性很强，性情温和，活泼而善跳跃，生命力旺盛，既耐寒耐缺氧，又较耐盐碱，在含盐量小于7克/升的咸水中生长良好，最适宜含盐量为1～4克/升。最适宜的水温为20～32℃，最适宜繁殖的水温为22～28℃。最适宜生长的pH值为7.5～8.5。鲤鱼属杂食性鱼类，幼鱼主要摄食轮虫、甲壳类及小型无脊椎动物等。随着个体的增大，逐步摄食小型底栖无脊椎动物；成鱼主要摄食螺蛳、蚌、蚬软体动物和水生昆虫的幼虫、小鱼、虾等，也食一些丝状藻类、水草、植物碎屑和人工配合饲料等。随着水温的升高而摄食量增大，进入生殖季节，停止摄食。繁殖后为摄食旺季，冬季摄食强度弱，甚至不摄食。

**发育繁殖**：生殖期随地区气候不同而异。一般以日平均水温18～25℃为产卵盛期。在河南、山东为清明节（四月上旬）前后，在晋南虞乡与关中盆地（西

安）为谷雨节（四月下旬）前后，在河套地区为5月中下旬。喜产卵于缓静多水草处，尤喜黎明前安静时产卵。雄鲤几乎全年精巢处于成熟期。雌鲤常每年产卵1次，少数产2～3次且量很少。卵黄色，沉性，卵径约1.3毫米，粘水草上，体重1～1.25千克雌鲤怀卵量约为20万～30万粒，体大者可达169.6万粒。日平均水温16℃时孵化需6日，20℃时需4.2日，25℃时需3日，30℃时需2.1日。

图6-37　鲤鱼

# （八）鲢亚科

# 1. 鲢鱼

**分类**：脊索动物门，脊椎动物亚门，硬骨鱼纲，鲤形目，鲤科，鲢属，鲢鱼。

**英文名**：Silvercarp

**拉丁文名**：*Hypophthalmichthys molitrix*

**基本特征**：鲢鱼（图6-38），别称白鲢，滤食性，中上层鱼，体侧扁而稍高，腹部狭窄，腹棱自胸鳍直达肛门。头大，约为体长的1/4。吻短，钝圆，口宽。眼小，位于头侧中轴之下。咽头齿1行，草履状而扁平。鳃耙特化，愈合成一半月形海绵状过滤器。体被小圆鳞。侧线鳞108~120；臀鳍3，12~13，呈广弧形3，中等长，起点在背鳍基部后下方。胸鳍7，8；起点距胸鳍比距臀鳍近，长不达肛门。尾鳍深叉状。腹腔大，腹膜黑色。

**生活习性**：鲢鱼栖息于江河干流及附属水体的上层。性活泼，善跳跃。刚孵出的仔鱼随水漂流；幼鱼能主动游入河湾或湖泊中索饵。产卵群体每年4月中旬开始集群，溯河洄游至产卵场繁殖。产卵后的成鱼往往进入饵料丰盛的湖泊中摄食。冬季，湖水降落，成体多数到河床深处越冬，幼体大多留在湖泊等附属水体深水处越冬。冬季处于不太活动的状态。以浮游植物为主食，但是鱼苗阶段仍以浮游动物为食，是一种典型的浮游生物食性鱼类。仔鱼以浮游动物，如轮虫和枝角类、桡足类的无节幼体为食，可能也食人工投喂的豆浆中的微粒饲料。稚鱼期以后鲢鱼主要以滤食浮游植物（藻类）为生，兼食浮游动物、腐屑和细菌聚合体等。喜在沿江附属静水水体肥育，冬季回到干流河床或在湖泊深处越冬。

**发育繁殖**：鲢的生殖群体，主要由3~4龄的个体组成，最小为3龄，雄性体长560毫米，体重3.7千克，雌性体长480毫米，体重1.9千克。怀卵量在20万~161万粒，不同大小个体怀卵量有很大的差异。长江流域在4月下旬开始产卵到7月止，而以5~6月较集中。长江干流产卵场主要在宜昌到监利江段。产卵活动在水的上层进行。发情时，雄鱼追逐雌鱼，活跃异常，或雌、雄鱼并列露出水面，或雌、雄鱼头部露出水面嬉游，不时掀起浪花。产卵时，雌鱼腹部朝上，胸鳍剧烈抖动。发育卵受精后，吸水膨胀，透明，卵膜径4.0~6.0毫米，卵黄径1.6~1.7毫米，卵黄呈酪黄色，在静水中慢慢下沉。在水流中随波逐流，具漂流性。多数试验证明，在原肠胚形成过程中，对外界环境因素变化较为敏感。在水温20~23℃下，约经36小时即可孵出。

图6-38　鲢鱼

# 2. 鳙鱼

**分类**：脊索动物门，脊椎动物亚门，硬骨鱼纲，鲤形目，鲤科，鳙属，鳙鱼。

**英文名**：bighead carp

**拉丁文名**：*Aristichys nobilis*

**基本特征**：鳙鱼（图6-39）又叫花鲢、胖头鱼、包头鱼、大头鱼、黑鲢、麻鲢，也叫雄鱼。鳙鱼体侧扁，较高，腹部在腹鳍基部之前较圆，其后部至肛门前有狭窄的腹棱。头极大，前部宽阔，头长大于体高。吻短而圆钝。口大，端位，口裂向上倾斜，下颌稍突出，口角可达眼前缘垂直线之下，上唇中间部分很厚。无须。眼小，位于头前侧中轴的下方；眼间宽阔而隆起。鼻孔近眼缘的上方。下咽齿平扁，表面光滑。鳃耙数目很多，呈页状，排列极为紧密，但不连合。具发达的螺旋形鳃上器。鳞小。侧线完全，在胸鳍末端上方弯向腹侧，向后延伸至尾柄正中。

**生活习性**：生活于江河干流、平缓的河湾、湖泊和水库的中上层，幼鱼及未成熟个体一般到沿江湖泊和附属水体中生长，性成熟时到江中产卵，产卵后大多数个体进入沿江湖泊摄食肥育，冬季湖泊水位跌落，它们又回到江河的深水区越冬，翌年春暖时节则上溯繁殖。为温水性鱼类，适宜生长的水温为25～30℃，能适应较肥沃的水体环境。性情温驯，行动迟缓。从鱼苗到成鱼阶段都是以浮游动物为主食，兼食浮游植物，是典型的浮游生物食性鱼类。摄食强度随季节而异。每年4～10月份摄食强度较大。

**发育繁殖**：鳙产漂流性卵。性成熟为4～5龄，雄鱼最小为3龄。繁殖期在4～7月。产卵场多在河床起伏不一、流态复杂的场所。当流域降雨，水位陡然上涨、水流速加大时进行繁殖活动。最长年龄达20年。在江河水温为20～27℃时于急流有泡漩水的江段繁殖。

**图6-39　鳙鱼**

# （九）雅罗鱼亚科

# 1.草鱼

**分类**：脊索动物门，脊椎动物亚门，硬骨鱼纲，鲤形目，鲤科，草鱼属，草鱼。

**英文名**：Grass carp

**拉丁文名**：*Ctenopharyngodon idella*

**基本特征**：草鱼（图6-40）体长形，前部近圆筒形，尾部侧扁，腹部圆，无腹棱。头宽，中等大，前部略平扁。吻短钝，吻长稍大于眼径。口端位，口裂宽，口宽大于口长；上颌略长于下颌；上颌骨末端伸至鼻孔的下方。唇后沟中断，间距宽。眼中大，位于头侧的前半部；眼间宽，稍凸，眼间距约为眼径的3倍余。鳃孔宽，向前伸至前鳃盖骨后缘的下方；鳃盖膜与峡部相连；峡部较宽。鳞中大，呈圆形。侧线前部呈弧形，后部平直，伸达尾鳍基。背鳍无硬刺，外缘平直，位于腹鳍的上方，起点至尾鳍基的距离较至吻端近。臀鳍位于背鳍的后下方，起点至尾鳍基的距离近于至腹鳍起点的距离，鳍条末端不伸达尾鳍基。胸鳍短，末端钝，鳍条末端至腹鳍起点的距离大于胸鳍长的1/2。尾鳍浅分叉，上下叶约等长。鳃耙短小，数少。下咽骨中等宽，略呈钩状，后臂稍大。下咽齿侧扁，呈"梳"状，侧面具沟纹，齿冠面斜直，中间具1狭沟。鳔2室，前室粗短，后室长于前室，末端尖形。肠长，多次盘曲，其长为体长的2倍以上。腹膜黑色。体呈茶黄色，腹部灰白色，体侧鳞片边缘灰黑色，胸鳍、腹鳍灰黄色，其他鳍浅色。

**生活习性**：草鱼是典型的草食性鱼类，栖息于平原地区的江河湖泊，一般喜居于水的中下层和近岸多水草区域。性活泼，游泳迅速，常成群觅食。草鱼幼鱼期食幼虫、藻类等，草鱼也吃一些荤食，如蚯蚓、蜻蜓等。在干流或湖泊的深水处越冬。生殖季节亲鱼有溯游习性。

**发育繁殖**：草鱼一般4龄性成熟，最早3龄。成熟的雌性个体体重在5千克以上。草鱼的繁殖季节与鲢、鳙鱼基本为同时期，即4～7月。繁殖期中国南北各地有差异，在长江为4～6月，中国东北稍迟。繁殖季节，亲鱼胸鳍条上出现珠星，用手触摸有粗糙感。草鱼卵卵径较大，属浮性卵。草鱼的产卵地点一般选择在河干流的河流汇合处、河曲一侧的深槽水域、两岸突然紧缩的江段。草鱼一次可产30万～138万粒卵。受精卵因吸水膨胀后，卵径可达5毫米左右，可顺水漂流。

图6-40　草鱼

# 2.赤眼鳟

分类：脊索动物门，脊椎动物亚门，硬骨鱼纲，鲤形目，鲤科，赤眼鳟属，赤眼鳟。

英文名：barbel chub

拉丁文名：*Squaliobarbus curriculus*

基本特征：赤眼鳟（图6-41）体长筒形，后部较扁，头锥形，吻钝。须两对细小，体银白，背部灰黑，体侧各鳞片基部有一黑斑，形成纵列条纹。鳞大，侧线平直后延至尾柄中央。尾鳍深叉形、深灰具黑色边缘。眼上缘有一红斑，故名赤眼鳟、红眼鱼。

生活习性：江河中层鱼类，生活适应性强。善跳跃，易惊而致鳞片脱落受伤。杂食性鱼类，藻类、有机碎屑、水草等均可摄食，喜食人工配合饲料。

发育繁殖：赤眼鳟性成熟早，2龄即可达性成熟。生殖季节一般在4～9月。卵浅绿色，沉性。

图6-41　赤眼鳟

# 3.尖头鲹

**分类**：脊索动物门，脊椎动物亚门，硬骨鱼纲，鲤形目，鲤科，鲹属，尖头鲹。

**英文名**：Chinese minnow

**拉丁文名**：*Rhynchocypris oxycephalus*

**基本特征**：尖头鲹（图6-42）体长形，稍侧扁，腹部圆，尾柄较高。头近锥形，头长大于体高。吻尖突或钝；吻皮覆盖上颌，或止于上颌。口亚下位，口裂稍斜，下颌前端宽圆，上颌骨末端不伸达眼前缘下方；下唇褶较发达。眼中大，位于头侧，眼后缘至吻端的距离一般大于眼后头长。眼间宽平，眼间距大于眼径。鳃孔向前伸至前鳃盖骨后缘稍前的下方；鳃盖膜联于峡部；峡部较窄。鳞小，胸、腹部具鳞。侧线完全，约位于体侧中央，在腹鳍前的侧线较为显著。背鳍位于腹鳍上方，外缘平直，起点至吻端的距离大于至尾鳍基的距离。臀鳍位于背鳍的后下方，外缘平直，起点约与背鳍基末端相对。胸鳍短，末端钝，末端至腹鳍起点的距离为胸鳍长的2/3左右。腹鳍起点前于背鳍，末端伸达或伸越肛门。尾鳍分叉浅，上下叶约等长，末端钝。鳃耙短而散布，排列稀。下咽骨中长，前臂长于后臂。咽齿稍侧扁，末端尖而弯。鳔2室，后室长于前室，为前室长的2倍左右，末端圆钝。肠短，呈前后弯曲，其短于体长。腹膜灰黑或黑色。体具多数不规则黑色小点，背部正中自头后至尾鳍基有一狭长的黑带，体侧一般无黑色纵带，或仅在尾部具一暗色纵带。尾鳍浅灰色，其余鳍呈浅色。尾鳍基或具一浅黑色小点。

**生活习性**：杂食，食水生无脊椎动物等，亦食人工饲料。常与拉氏鲹混居，乃至在自然状态下杂交。

图6-42　尖头鲹

# 4.拉氏大吻鰕

**分类**：脊索动物门，脊椎动物亚门，硬骨鱼纲，鲤形目，鲤科，鰕属，拉氏大吻鰕。

**英文名**：Laszka

**拉丁文名**：*Rhynchocypris lagowskii*

**基本特征**：拉氏大吻鰕（图6-43）一般全长70～150毫米，最大体长220毫米，最大个体约400克。体低而长，稍侧扁，腹部圆，尾柄长而低。头近锥形，头长显著大于体高。吻尖，有时向前突出。口亚下位，口裂稍斜，上颌长于下颌，上颌骨末端伸达鼻孔后缘的下方或稍后。唇后沟中断。眼中等大，位于头侧的前上方，眼后缘至吻端的距离大于或等于眼后头长；眼间宽平，其宽大于眼径。鳃孔中大，向前伸延至前鳃盖骨后缘的下方，有膜与峡部相连；峡部窄。鳞细小，常不呈覆瓦状排列，胸、腹部具鳞。侧线完全，较平直，向后伸达尾鳍基。背鳍位于腹鳍上方，外缘平直，起点至吻端的距离显著大于至尾鳍基的距离。臀鳍与背鳍同形，位于背鳍后下方，起点与背鳍基末端约相对，距腹鳍基的距离显著比距尾鳍基近。胸鳍短，末端钝，末端至腹鳍基的距离为胸鳍长的1/2～2/3。腹鳍起点前于背鳍，短于胸鳍，末端伸达肛门。尾鳍分叉浅，上下叶约等长，末端圆钝或稍尖。雄性生殖突尖长，雌性粗短。鳃耙短小，排列稀。下咽骨中大，前角突显著。主行咽齿近锥形，末端钩状。鳔2室，后室长于前室，约为前室长的2倍，末端圆钝。肠短，呈前后弯曲，短于体长，腹膜黑色。

**生活习性**：春末夏初，当雨水增多河水上涨时，一些冬、春季干涸的溪沟又有了水流，这时它们集群繁殖摄食，从较大的小河、山溪逆流进入这些时断时流的溪泉中摄食，并可上溯到很远的源头，成为这些水沟中的优势种。雨季过后，随着气温、水温的下降，山沟流水的减退，饵料的减少，它们又顺水而下，进入常年有流水的溪河中摄食和肥育。冬季到来时，进入水深为50～100厘米水域的乱石缝中越冬，当中午风和日暖时常游出，在河道石缝周围活动，因其极喜溯河顶水游，因此人工养殖注排水时应注意做好防逃措施。

**发育繁殖**：天然水域2龄性成熟。雌雄鉴别：雌鱼生殖突较圆钝，长度略长于排泄孔；雄鱼生殖突较尖突，长度远大于排泄孔；在生殖季节，成熟好的雄鱼，稍压腹部，有白色精液淌出，成熟好的雌鱼，生殖孔微红，腹部膨大、柔软，繁殖期雄鱼胸鳍、腹鳍延长。中国东北地区产卵期一般在5～7月，属分批产卵鱼类，一般2～3次，天然产卵场在距河岸30～50厘米水深砾石底质处，产卵最低水温12.5℃，受精卵径1.4～1.7毫米，黏性，黏附于砾石发育。

图6-43　拉氏大吻鳂

# 5.青鱼

**分类**：脊索动物门，脊椎动物亚门，硬骨鱼纲，鲤形目，鲤科，青鱼属，青鱼。

**英文名**：Herring

**拉丁文名**：*Mylopharyngodon piceus*

**基本特征**：青鱼（图6-44）体粗壮，近圆筒形，腹部圆，无腹棱。头中大，背面宽。吻短，稍尖。口中大，端位，唇发达。眼中大，位于头侧前半部。鳃孔宽，鳞中大，侧线约位于体侧中轴，浅弧形，向后伸达尾柄正中。背鳍位于腹鳍上方，无硬刺，外缘平直。臀鳍中长，外缘平直。腹鳍起点与背鳍第一或第二分支鳍条相对。尾鳍浅分叉，末端钝。青鱼的鳃耙短小。鳔2室。青鱼体呈青灰色，背部较深，腹部灰白色，鳍均呈黑色。

**生活习性**：青鱼属肉食性鱼类，以水底层的软体动物为主要食物来源，尤其喜食螺蛳肉，所以青鱼又被人们称为螺蛳青。为洄游性鱼类，在江河附属水体生长发育，到冬季进入江河越冬，开春后越冬青鱼上溯，并在溯流过程中性腺迅速发育至成熟，在江河干流产卵场繁殖，产卵后青鱼又进入附属水体肥育。分布于洛阳市黄河、汝河、伊河等流域。

**发育繁殖**：4～5龄性成熟，性腺每年成熟1次，一次产卵。5～6月为繁殖季节，水温18～28℃。怀卵量约为60万～100万粒。鱼卵漂浮性，随水流而孵化发育。

**图6-44 青鱼**

# 6.玫瑰三齿雅罗鱼

**分类**：脊索动物门，脊椎动物亚门，硬骨鱼纲，鲤形目，雅罗鱼亚科，三齿雅罗鱼属，玫瑰三齿雅罗鱼。

**英文名**：Tribolodon sachalinensis

**拉丁文名**：*Tribolodon sachalinensis*

**基本特征**：玫瑰三齿雅罗鱼（图6-45）体侧扁，较高，腹部圆，无腹棱，背部微隆起；头较短；口端位或稍下位，上下颌无角质边缘；无须；眼较大；下咽齿2行，内行呈柱状，外行侧扁，末端微弯曲，呈钩状；侧线完全。鳞中等或较小。背鳍始于腹鳍始点的稍后上方。

**生活习性**：绝大多数种类为冷温性鱼，常有由湖溯河产卵洄游现象。分布于洛阳市伊河等流域。

**发育繁殖**：3龄以上开始性成熟。卵黏性。

图6-45　玫瑰三齿雅罗鱼

# 7. 瓦氏雅罗鱼

**分类**：脊索动物门，脊椎动物亚门，硬骨鱼纲，鲤形目，鲤科，雅罗鱼属，瓦氏雅罗鱼。

**英文名**：Amur ide

**拉丁文名**：*Leuciscus waleckii*

**基本特征**：瓦氏雅罗鱼（图6-46）体长形，腹侧宽圆，头亦侧扁。吻不突出。眼位于头侧上方。口前位，斜形；口闭时两颌相等。唇薄，鳃孔大，侧位。椎骨约25+20。鳔大，2室。侧线侧中位。背鳍始于体正中央稍后方；背缘斜且微凹。臀鳍似背鳍而宽短。胸鳍侧下位，尖刀状。腹鳍后端圆凸。尾鳍深叉状。头体背侧黑灰色，鳞后缘较暗，侧下方银白色。雄性成鱼吻部、两颌、眼周围及胸鳍内侧有白色追星。

**生活习性**：较喜低水温，喜氧。为杂食性鱼类，体长约7.5毫米即群游索食；体长7.5～15毫米以小足类为食，15～20毫米时主要食枝角类等，20毫米后开始食空中昆虫和水中昆虫幼虫。喜集群活动，属洄游鱼类，江河刚开始解冻上溯进行产卵洄游，进入湖岸河边肥育，冬季进入深水处越冬。分布于洛阳市洛河、伊河流域。

**发育繁殖**：3龄鱼开始达性成熟，产卵期3月中旬到4月中旬，水温6～8℃。体长223～254毫米时怀卵量为14400～295000粒。卵暗黄色，黏性，卵径2.2毫米。一次产完。

图6-46　瓦氏雅罗鱼

## （十）鱊亚科

# 1.高体鳑鲏

**分类**：脊索动物门，脊椎动物亚门，硬骨鱼纲，鲤形目，鲤科，鳑鲏属，高体鳑鲏。

**英文名**：Rosy bitterling

**拉丁文名**：*Rhodeus ocellatus*

**基本特征**：高体鳑鲏（图6-47）体高，呈卵圆形，侧扁，头后背缘格外隆起，尾柄短而高，头长约等于其高。吻短而钝，口端位，口裂呈弧形，口角无须。眼侧上位。鳃孔上角略低于眼上缘水平线。鳃盖膜联于峡部。背鳍起点于吻端和尾鳍基之间或略有前后。臀鳍位于背鳍下方，腹鳍位于背鳍之前。胸、尾鳍叉形。侧线不完全。鳃耙呈三角形，鳔2室。繁殖季节的雄鱼色彩绚丽，雌鱼近金黄色。珠星见于雄鱼吻端、眶上骨和泪骨，主要集中于吻端两侧。

**生活习性**：高体鳑鲏为低海拔缓流或静止的湖沼水域栖息的小型鱼类，较常出现于透明度低、营养化程度略高的静止水域，常成群活动。杂食性，主要以附着性藻类、浮游动物及水生昆虫等为食。分布于洛阳市洛河、汝河、伊河等流域。

**发育繁殖**：繁殖期时，成熟雌鱼将卵产于贝类内部，借此卵受到充分的保护，再由雄鱼上前授精。孵化后的仔鱼仍会继续停留于二枚贝的鳃瓣间，利用二枚贝的呼吸运动，亦能得到所需要的氧气，直到卵黄囊消化殆尽。

图6-47　高体鳑鲏

# 2. 中华鳑鲏

**分类**：脊索动物门，脊椎动物亚门，硬骨鱼纲，鲤形目，鲤科，鳑鲏属，中华鳑鲏。

**英文名**：Rhodeus sinensis

**拉丁文名**：*Rhodeus sinensis*

**基本特征**：中华鳑鲏（图6-48）体侧面观呈长卵圆形，吻钝，眼侧中位，鼻孔位于眼稍前方。口小，前位，圆弧状。无须。鳃孔大，侧位。鳃耙短小。鳔大，前室细短，后室粗长。鳞稍大。侧线已大部消失。背鳍始于体前后端正中央的略前方，臀鳍始于第4～5分支背鳍条基的下方。胸鳍始于背鳍始点略前方，尾鳍深叉状。

**生活习性**：中华鳑鲏栖息于淡水湖泊、水库和河流等浅水区的底层，喜欢在水流缓慢、水草茂盛的水体中群游。仔鱼期聚集成团，多停留在靠近河岸的水草边缘或无水草的近河岸上层水域，营浮游生活。幼鱼和成鱼在水的中下层生活。中华鳑鲏适宜的生活温度在0～35℃。分布于洛阳市黄河、洛河、汝河、伊河等流域。

**发育繁殖**：中华鳑鲏每年4～5月即性成熟，繁殖时期在3～10月，水温14～28℃。4～7月为产卵旺季，分批产卵，卵呈橘黄色，长圆形似葫芦。在繁殖期间，雌、雄鱼均出现第二性征：雄鱼体色变得格外鲜艳，且背鳍的前外缘显红色，腹鳍不分支鳍条呈乳白色，臀鳍根部红色，吻端、眶上骨上可见细小成簇的珠星；雌鱼产卵管延长，大部分呈粉红色。繁殖期间，雌鱼将卵产在河蚌的外套腔，随后雄鱼在蚌的入水孔附近射精，受精卵附着在河蚌鳃瓣间进行发育。

图6-48　中华鳑鲏

# 3.斑条鱊

**分类**：脊索动物门，脊椎动物亚门，硬骨鱼纲，鲤形目，鲤科，鱊属，斑条鱊。

**英文名**：Stripes

**拉丁文名**：*Acheilognathus taenianalis*

**基本特征**：斑条鱊（图6-49）体延长，侧扁，外形呈菱形。头短小，吻长略短于眼径。口小，马蹄形。口角无须。背鳍和臀鳍硬刺强壮，背鳍具15～17根分支鳍条，臀鳍起点约与背鳍第7分支鳍条之基部相对。侧线完全，近平直；侧线鳞34～35枚。体长80毫米。

**生活习性**：生活于山涧溪流中，多在水流缓慢、水草丛生的浅水区域活动，摄食浮游植物、着生藻类和小型水生动物。分布于洛阳市汝河、伊河等流域。

**发育繁殖**：产卵期为4～6月，此时雄鱼吻部出现珠星，雌鱼具一无色产卵管。卵分批产于蚌类外套腔中。

图6-49　斑条鱊

# 4.兴凯鱊

分类：脊索动物门，脊椎动物亚门，硬骨鱼纲，鲤形目，鲤属，鱊属，兴凯鱊。

英文名：Xingkaifeng

拉丁文名：*Acheilognathus chankaensis*

基本特征：兴凯鱊（图6-50）体扁薄，外形呈长椭圆形。吻短钝，吻长小于眼径。口小，端位。口角无须。背鳍和臀鳍硬刺强壮，背鳍具12～15根分支鳍条；臀鳍具10～11根分支鳍条。侧线完全，侧线鳞33～36枚。体长为体高的2.4～2.6倍。鳃耙细密；体长80毫米。背鳍和臀鳍有两列黑色小斑点。腹鳍和臀鳍黄白色，雄鱼臀鳍外缘镶有较宽的深黑色饰边，雌鱼臀鳍无黑边。

生活习性：生活于江河、沟渠和池塘的缓流及静水浅水处。摄食硅藻、蓝藻和丝状藻类等。分布于洛阳市洛河流域。

发育繁殖：性成熟年龄为1龄，生殖期在每年5～6月，成熟卵为黄色。繁殖期间雄鱼体色艳丽，吻端具白色珠星，鳍条上的斑点更为明亮；雌鱼具一灰色产卵管，产卵于蚌类的鳃瓣中。

图6-50 兴凯鱊

# 5.越南鱊

**分类**：脊索动物门，脊椎动物亚门，硬骨鱼纲，鲤形目，鲤科，鱊属，越南鱊。

**英文名**：Vietnam

**拉丁文名**：*Acheilognathus tonkinensis*

**基本特征**：越南鱊（图6-51）体较高而扁薄，外形呈长卵圆形，头后背部显著隆起，腹缘浅弧形。头短小，三角形。吻稍突，吻长大于眼径。口小，亚下位。口角须1对。背鳍位于身体最高处，具有2根硬刺，胸鳍末端达到腹鳍基部起点。臀鳍具有2根硬刺。尾鳍分叉深。侧线完全。侧线鳞32～35枚。体呈银灰色，沿体侧中轴自背鳍中部之前下方至尾鳍基部有一条蓝色条纹。

**生活习性**：栖息于泥沙底质、多水草的湖泊或河流的浅水区，常集群活动。以水生植物为主食。分布于洛阳市洛河流域。

**发育繁殖**：每年4月为繁殖期，产卵于蚌类的外腔中。生殖季节雄鱼的吻端及眼眶前缘有珠星，而雌鱼有产卵管。

图6-51 越南鱊

# 6.斑马鱼

**分类**：脊索动物门，脊椎动物亚门，硬骨鱼纲，鲤形目，鲤科，鲐属，斑马鱼。

**英文名**：Zebrafish

**拉丁文名**：*Barchydanio rerio var*

**基本特征**：斑马鱼（图6-52）鱼体呈梭形，长5厘米左右，尾部侧扁。全身基调黄色，背部橄榄色，从背部至腹部、臀鳍，有多条深蓝色条纹直达尾鳍。背鳍、臀鳍偏后，尾鳍深叉形，诸鳍均黄色透明。原产于亚洲南部，分布于印度、孟加拉国、尼泊尔、缅甸以及巴基斯坦等地。

**生活习性**：斑马鱼一般都生活在小溪、沟渠或静止的水中。21～32℃下生长良好。通过滤食来摄取营养，杂食性动物。在自然界中，以甲壳类动物、小昆虫、蠕虫和藻类为食。分布于洛阳市洛河、伊河流域。

**发育繁殖**：斑马鱼属卵生鱼类，4月龄性成熟。繁殖水温25～26℃。在水族箱底部产卵。斑马鱼最喜欢自食其卵。雌鱼每次产卵300余枚，最多可达上千枚。

图6-52　斑马鱼

# 1. 大鳞副泥鳅

**分类**：脊索动物门，脊椎动物亚门，硬骨鱼纲，鲤形目，鳅科，副泥鳅属，大鳞副泥鳅。

**英文名**：Paramisgurnus dabryanus

**拉丁文名**：*Paramisgurnus dabryanus*

**基本特征**：大鳞副泥鳅（图6-53）体长形，侧扁，体较高，腹部圆。头短，锥形，长度小于体高。吻短而钝。口下位，马蹄形。唇较薄，上有许多皱褶。具须5对，其中吻须2对、口角须1对、颏须2对，各须均长。眼稍大，位于头侧上方。鳃耙短，呈三角形。背鳍短，位于身体中部偏后方。雌鱼胸鳍末端圆形，较短，雄鱼胸鳍末端较尖。臀鳍小，较短。尾鳍末端圆形。侧线不完全。体为灰褐色，体侧具有不规则的斑点。尾柄上下的皮质棱发达。

**生活习性**：常见于底泥较深的湖边、池塘、稻田、水沟等浅水水域。最适水温为25～27℃，属温水鱼类。对低氧环境适应性强。除了用鳃呼吸外，还可以进行皮肤呼吸和肠呼吸。视觉弱，触觉和味觉极灵敏。杂食性，幼鱼阶段摄食动物性饵料。长大后也可摄食丝状藻类，植物根、茎、叶及腐殖质等。成鳅则以摄食植物性食物为主。一般多为夜间摄食。水温10℃以下、30℃以上即停止摄食。分布于洛阳市黄河等流域。

**发育繁殖**：性成熟的雄鱼头顶部和两侧有许多白色锥状珠星，有时臀鳍附近的体侧亦有。从受精卵到出膜共划分为卵裂期、囊胚期、原肠期、神经胚期、肌节期、尾芽期、胚动期、出膜前期、孵出期、眼黑色素期10个连续的典型时期。

图6-53　大鳞副泥鳅

# 2. 中华花鳅

**分类**：脊索动物门，脊椎动物亚门，硬骨鱼纲，鲤形目，鳅科，花鳅属，中华花鳅。

**英文名**：Siberian spiny loach

**拉丁文名**：*Cobitis sinensis*

**基本特征**：中华花鳅（图6-54）吻略突出，钝尖。眼小，位于侧中线上方。前鼻孔有一短管。口小，下位。下唇肥厚，中断，且游离。每侧有吻须2条、口角须1条。鳃孔中等大，侧位，斜向后方。鳔小，包在骨鞘内。鳞小。侧线仅在胸鳍上方显明。背鳍背缘斜直或微凸。臀鳍下缘圆弧形。胸鳍下位；雌鱼较短，雄鱼尖刀状，很长。腹鳍始于第2～3分支背鳍条基下方。尾鳍圆截形。

**生活习性**：中华花鳅为淡水底层小杂鱼。常见于低海拔，水质较清之河川、湖泊沙泥底之浅水域。喜栖息于溪流中水流较平缓的泥沙或沉质的水域底部。摄食轮虫、枝角类、桡足类、水生昆虫幼虫、摇蚊幼虫、有机碎屑、丝藻、硅藻、蓝藻。分布于洛阳市伊河、洛河、汝河等流域。

**发育繁殖**：1龄性成熟、怀卵量1394～3724粒，在河北、河南、山东等地产卵期为4～5月。

图6-54　中华花鳅

# 3.北方泥鳅

**分类**：脊索动物门，脊椎动物亚门，硬骨鱼纲，鲤形目，鳅科，花鳅亚科，泥鳅属，北方泥鳅。

**英文名**：Misgurnus bipartitus

**拉丁文名**：*Misgurnus bipartitus*

**基本特征**：北方泥鳅（图6-55）体细长，须较短，尾柄皮褶棱不发达，腹鳍基部起点与背鳍第2～4根分支鳍条基部相对。

**生活习性**：底层鱼类。常栖息于河沟、湖泊及沼泽沙质泥底的静水或缓流水体中，适应性较强。卵产出后黏附于水草上。以昆虫及其幼虫、小型甲壳动物、植物碎屑及藻类为食。数量较多，肉质细嫩，有一定的经济价值。分布于洛阳市伊河流域。

**发育繁殖**：5～7月产卵繁殖，卵略带黏性。

图6-55　北方泥鳅

# 4. 泥鳅

**分类**：脊索动物门，脊椎动物亚门，硬骨鱼纲，鲤形目，鳅科，泥鳅属，泥鳅。

**英文名**：Pond loach

**拉丁文名**：*Misgurnus anguillicaudatus*

**基本特征**：泥鳅（图6-56）体长形，呈圆柱状，尾柄侧扁而薄。头小。吻尖。口下位，呈马蹄形。须5对（吻须1对、上颌须2对、下颌须2对）。眼小，侧上位。鳞甚细小。侧线完全。鳔小。背鳍短，具不分支鳍条2、分支鳍条7。胸鳍具不分支鳍条1、分支鳍条10。腹鳍具不分支鳍条1、分支鳍条5～6。臀鳍具不分支鳍条2、分支鳍条5。尾鳍圆形。体上部灰褐色，下部白色，体侧有不规则黑色斑点。

**生活习性**：泥鳅为底栖鱼类，喜生活于有底淤泥的静水或缓和流水域中，喜中性或偏酸性黏性土壤，最适水温为22～28℃。冬季钻入淤泥20～30厘米处越冬，水温达10℃以上时出来活动。喜昼伏夜出，视力退化，但触须、侧线等十分敏感。除用鳃呼吸，还能进行肠呼吸。分布于洛阳市伊河、黄河、洛河、汝河等流域。

**发育繁殖**：泥鳅2龄时开始性成熟。繁殖季节4～9月。24℃左右产卵量大。一年多次产卵。卵黏性，雌鳅怀卵量2000～24000粒。卵圆形，米黄色，半透明，卵径0.8～1毫米。

图6-56　泥鳅

# 5. 黑白鳅

**分类**：脊索动物门，脊椎动物亚门，硬骨鱼纲，辐鳍鱼纲，鲤形目，鳅科，黑白鳅。

**英文名**：Black and white loach

**拉丁文名**：*Black and white loach*

**基本特征**：体长可达20厘米。

**生活习性**：黑白鳅（图6-57）为温带淡水鱼，分布于窝瓦河、顿河至阿穆尔河，以及中国、朝鲜半岛等地区的淡水流域。栖息在植被生长、沙石底质的溪流、湖泊底层水域，生活习性不明。主要作为观赏鱼。分布于洛阳市伊河、汝河流域。

图6-57　黑白鳅

# 6.达里湖高原鳅

**分类**：脊索动物门，脊椎动物亚门，硬骨鱼纲，鲤形目，鳅科，高原鳅属，达里湖高原鳅。

**英文名**：Triplophysa dalaica

**拉丁文名**：*Triplophysa dalaica*

**基本特征**：达里湖高原鳅（图6-58）身体长，粗壮，前躯呈圆筒形，后躯侧扁，尾柄高。头部稍平扁。吻长等于或稍大于眼后头长。口下位，唇厚。下颌匙状。须中等长，外吻须伸达后鼻孔和眼前缘的下方，颌须后伸达眼后缘的下方，少数达眼中心或略过眼后缘。无鳞，皮肤光滑。侧线完全。下腹面浅黄色，背、侧部浅褐色。背部在背鳍前、后有深褐色块斑或横斑。背、尾鳍多褐色小斑点。分布于洛阳市黄河流域。

**生活习性**：常栖息于河流的缓流河段和静水的湖泊中。主要以桡足类、硅藻类和植物碎屑等为食。

图6-58　达里湖高原鳅

# 第七章

# 鲈形目

## 一、刺鳅科

# 刺鳅

**分类**：脊索动物门，脊椎动物亚门，硬骨鱼纲，鲈形目，刺鳅科，刺鳅属，刺鳅。

**英文名**：Mastacembelus aculeatus

**拉丁文名**：*Mastacembelus aculeatus*

**基本特征**：刺鳅（图7-1）体细长，前端稍侧扁，肛门以后扁薄。头长而尖。吻稍长，吻端向前伸出成吻突。眼侧上位。口下位，口裂几成三角形。上下颌具绒毛状齿，带状排列。胸鳍小而圆，无腹鳍，背鳍和臀鳍分别与尾鳍相连。背鳍前方具棘31～33枚；臀鳍具棘3枚；尾鳍略尖。体鳞细小，侧线不显著。体背黄褐色，腹部淡黄色。体背、腹侧有许多网状花纹，背鳍、臀鳍与尾鳍的基部网纹更明显，体侧有30余条褐色垂直条斑。

**生活习性**：为底栖性鱼类。生活于多水草的浅水区。以水生昆虫及其他小鱼为食。刺鳅喜欢群居，在野外一块大石头下就能聚居很多条。分布于洛阳市汝河流域。

**发育繁殖**：生殖期约在7月。

图7-1 刺鳅

# 花鲈

**分类**：脊索动物门，脊椎动物亚门，硬骨鱼纲，鲈形目，花鲈科，花鲈属，花鲈。

**英文名**：Spotted seabass

**拉丁文名**：*Lateolabrax maculatus*

**基本特征**：花鲈（图7-2）体长梭状。中等侧扁，吻较长，尖而突出；略呈纺锤形；吻钝短。口大，前位，有辅颌骨。两颌、犁骨与腭骨有短绒状牙群。前鳃盖骨后缘锯齿状，角处及下缘有4个辐状棘。鳃孔大，侧位。有假鳃。鳃耙细长。背鳍2，后背鳍短，背缘斜形。胸鳍侧下位，圆刀状。腹鳍胸位。尾鳍钝叉状，微凹。身体背部青灰色，腹部灰白色；体侧在侧线以上及背鳍上散布黑色斑点。长体被鳞。

**生活习性**：近岸浅海鱼，性情凶猛。3月下旬至4月游到近岸及河口索饵，产卵后则到较深水域的海区越冬。孵出的幼鱼在海区越冬，翌年春天幼鱼成群进入河口、内湾及近岸。在自然水域中。花鲈摄食以吞食活体动物为主，属于肉食性鱼类。摄食种类在一年之内有明显的季节变化。早期的幼鱼以浮游动物为食，食性转变后以小虾、小鱼和等足类为食，成鱼食物组成中主要是鱼，其次是虾。分布于洛阳市黄河流域。

**发育繁殖**：花鲈的雌鱼4龄性成熟，平均怀卵量为70万粒。产卵期9月中旬至11月，浮性卵。

图7-2　花鲈

# 三、鳢科

# 乌鳢

**分类**：脊索动物门，脊椎动物亚门，硬骨鱼纲，鲈形目，鳢科，鳢属，乌鳢。

**英文名**：Ophiocephalus argus

**拉丁文名**：*Snakehead*

**基本特征**：乌鳢（图7-3）体长，前部呈圆筒形，后部逐渐为侧扁形。头部较长，略扁平。吻短宽而扁，前端钝圆。口大，端位；牙细小，鼻孔两对。下颌稍突出。上颌、下颌、犁骨及腭骨具尖细的齿。眼小，侧上位。背鳍极长，臀鳍也长。胸鳍较宽，后缘呈圆形。腹鳍较小，次胸位。体被小圆鳞。有侧线。体色呈灰黑色，体背和头顶色较暗黑，腹部淡白，头侧有黑色斑纹。

**生活习性**：乌鳢喜欢栖息于水草茂盛或浑浊的水底，能直接吸收空气中的氧，俗称乌鳢"坐橛"或"坐遁"，或称"旱眠"。冬眠时钻到稀泥里。乌鳢对缺氧、水温和不良水质有很强的适应能力。即使在少水和无水的潮湿地带，也能生存相当长的时间。分布于洛阳市黄河、伊河、洛河等流域。

**发育繁殖**：乌鳢的性成熟年龄差异较大。有筑巢产卵和护卵习性。产卵巢多分布在水流平缓、水草茂盛的水域，外观呈圆形，直径一般为0.5～1米。

图7-3　乌鳢

# 罗非鱼

**分类**：脊索动物门，脊椎动物亚门，硬骨鱼纲，鲈形目，丽鲷科，罗非鱼属，罗非鱼。

**英文名**：Tilapia

**拉丁文名**：*Oreochromis mossambicus*

**基本特征**：罗非鱼（图7-4）体侧扁，头中等大小，口端位；眼中等大小，略偏头部上方；上下段侧线有鳞片；背鳍发达；胸鳍较长，无硬刺；腹鳍胸位，尾鳍末端钝圆形；体色呈黄褐至黄棕色；喉、胸部白色；雄性呈红色；雌鱼体色较暗淡。背鳍具10余条鳍棘，尾鳍平截或圆，体侧及尾鳍上具多条网纹状斑块。

**生活习性**：罗非鱼属于热带鱼类。罗非鱼喜高温，不耐低温，耐低氧、高盐度，在海、淡水中均能生活。杂食性，成鱼喜食浮游生物、底栖生物，抢食力强，生长迅速，雄鱼生长速度大于雌鱼。将成熟的雌、雄亲鱼放入同一繁殖池中，每隔30～50天即可杂交繁殖一次。分布于洛阳市汝河、伊河、洛河等流域。

**发育繁殖**：一般需5～6个月性腺可以发育成熟，1年内能产孵2～4次。水温19～33℃为适繁温度，有口孵的行为。

图7-4 罗非鱼

# 五、鮨科

# 斑鳜

**分类**：脊索动物门，脊椎动物亚门，硬骨鱼纲，鲈形目，鮨科，鳜属，斑鳜。

**英文名**：Siniperca scherzeri

**拉丁文名**：*Siniperca scherzeri*

**基本特征**：斑鳜（图7-5）体长、侧扁，背为圆弧形，不甚隆起。口大，端位，下颌略突出，犬齿发达，下颌齿两个并生，排成一行。鱼体、鳃盖均被细鳞。鳃耙4枚。侧线完全，侧线鳞104~124。背鳍前部具鳍棘12~13，后部具鳍条11~12，胸鳍具鳍棘1、鳍条14，腹鳍具鳍棘1、鳍条5，臀鳍具鳍棘3、鳍条7~9，鳍棘均较强硬。侧线鳞104～124。幽门垂45～33。头部具暗黑色小圆斑，体侧有较多的环形斑。体棕黄色或灰黄色。

**生活习性**：江河、湖泊中都能生活，尤喜栖息于流水环境。常栖息土底层，以小鱼、小虾为食。分布于洛阳市汝河流域。

**发育繁殖**：3龄左右性成熟。产卵高峰为5月中旬到6月初和7月下旬至8月下旬。卵无黏性，有油球，半浮性。

图7-5　斑鳜

# 六、塘鳢科

# 黄黝鱼

**分类**：脊索动物门，脊椎动物亚门，硬骨鱼纲，鲈形目，塘鳢科，黄黝鱼属，黄黝鱼。

**英文名**：Yellow brown croaker

**拉丁文名**：*Hypseleotris swinhonis*

**基本特征**：黄黝鱼（图7-6）体长形，较侧扁，背部稍隆起。头较大，略侧扁。吻圆钝。口大，近端位。裂斜，口裂末端可达眼前缘下方。下颌略长于上颌，上、下颌均具齿。眼大，侧上位。前、后鼻孔分离。背鳍2个，分离，第一背鳍短小，由鳍棘组成。胸鳍较大。腹鳍胸位，较尖，左右完全分离。尾鳍圆形。体大部被栉鳞，头及鳃盖被圆鳞。无侧线。体呈浅黄色，背部较暗，体侧有10～12条黑色条纹。

**生活习性**：栖息于水体底层，为江河、湖泊常见的小型鱼类，一般体长40毫米以下。分布于长江水系。具有攻击性，食物以小鱼、小虾为主，亦食枝节类。分布于洛阳市汝河、伊河、洛河、黄河等流域。

**发育繁殖**：发情期尾柄下方出现血红色，雌鱼成熟后腹部丰满，于每年4～7月繁殖，卵依附于水草上或石头上，雄鱼有护卵行为。卵一般在6天后孵化。

图7-6　黄黝鱼

## 七、虾虎鱼科

# 子陵吻虾虎鱼

**分类**：脊索动物门，脊椎动物亚门，硬骨鱼纲，鲈形目，虾虎鱼科，吻虾虎鱼属，子陵吻虾虎鱼。

**英文名**：Rhinogobius giurinus

**拉丁文名**：*Rhinogobius giurinus*

**基本特征**：子陵吻虾虎鱼（图7-7）头中大，圆钝；吻圆钝，颇长；眼背侧位。鼻孔每侧2个。口中大，前位，斜裂。两颌约等长。上、下颌齿各2行，呈带状。具假鳃。鳃耙短小。无侧线。背鳍2个，分离。臀鳍与第二背鳍相对。胸鳍宽大，圆形，下侧位。腹鳍长圆形，左、右腹鳍愈合成一吸盘。尾鳍长圆形。雄鱼生殖乳突细长而尖，雌鱼生殖乳突短钝。

**生活习性**：子陵吻虾虎鱼原属于河、海洄游鱼类。幼鱼具浮游期。领域性强，会主动攻击入侵的鱼族。常在水底匍匐游动，摄食小鱼、虾、水生昆虫、水生环节动物、浮游动物和藻类等，有同类残食现象。分布于洛阳市伊河、汝河、洛河等流域。

**发育繁殖**：繁殖期4～6月，1龄性成熟。产卵场底质为砂砾，受精卵沉落于产卵窝中及其附近。卵橙黄色，透明，具黏性。

图7-7　子陵吻虾虎鱼

# 1. 波氏吻鰕虎鱼

**分类**：脊索动物门，脊椎动物亚门，硬骨鱼纲，鲈形目，鰕虎鱼科，吻鰕虎鱼属，波氏吻鰕虎鱼。

**英文名**：Rhinogobius cliffordpopei

**拉丁文名**：*Rhinogobius cliffordpopei*

**基本特征**：波氏吻鰕虎鱼（图7-8）体细长，略呈圆筒状。头略平扁。头部和背鳍前的背部裸露。第2背鳍前的鳞片不规则。背鳍2个，彼此分离。腹鳍胸位，左右愈合成吸盘。体鳞边缘呈黑色。

**生活习性**：栖息于湖岸、河流的沙砾浅滩区，伏卧水底。为30～50毫米长的小型鱼类。分布于中国北方为主南方为辅的各大水系。分布于洛阳市伊河、洛河流域。

**发育繁殖**：波氏吻鰕虎鱼开始产卵的时间为4月中旬，产卵高峰在5月，产卵活动可持续到6月下旬，孵化率90%以上。

图7-8　波氏吻鰕虎鱼

# 2.褐吻虾虎鱼

**分类**：脊索动物门，脊椎动物亚门，硬骨鱼纲，鲈形目，鰕虎鱼科，吻鰕虎鱼属，褐吻虾虎鱼。

**英文名**：Brown nosed goby

**拉丁文名**：*Rhinogobius brunneus*

**基本特征**：褐吻虾虎鱼（图7-9）圆筒形，后部侧扁。吻钝，口宽斜裂，上颌具数行细牙。眼上位，颊部肌肉发达。项部被圆鳞，体被栉鳞。左右腹鳍愈合成吸盘，尾鳍圆形，第一背鳍高耸呈三角形。体呈红褐色，并夹杂黑色纵纹。

**生活习性**：多栖于江河、湖泊和池塘的沿岸浅滩。典型的底栖鱼类，摄食小鱼、小虾、水生昆虫、水生环节动物、浮游动物和藻类等。在中国，分布于北方地区，其中济南产的褐吻虾虎鱼最靓丽。分布于洛阳市黄河、汝河、白河等流域。

图7-9　褐吻虾虎鱼

# 3. 名古屋吻虾虎鱼

**分类**：脊索动物门，脊椎动物亚门，硬骨鱼纲，鲈形目，鰕虎鱼科，吻鰕虎鱼属，名古屋吻虾虎鱼。

**英文名**：Nagoya Kissed Shrimp and Tiger Fish

**拉丁文名**：*Rhinogobius nagoyae*

**基本特征**：名古屋吻虾虎鱼（图7-10）鱼体长，圆钝而后方侧扁，头大，吻短而略尖，上颌略为突出，眼小，口大而斜裂，唇厚。体为黄棕色，被有6～7个垂直深褐色横斑。雄鱼体侧鳞片中央有蓝色光泽，雌鱼腹部亮蓝色，吻部及颊部具有红色蠕虫形线纹，眼前方有三条平行斜裂之线纹，背鳍硬棘7枚，软条7～9枚；臀鳍硬棘1枚，软条7～8枚，体长可达4.9厘米。背鳍2个。胸鳍宽大，圆形，下侧位，腹鳍圆形，膜盖发达，边缘显著凹入，左、右腹鳍愈合成一吸盘。尾鳍长圆形。

**生活习性**：喜欢栖息于水清流缓、石砾底质的中、小河流中下游，通常躲于石缝中。属周缘性淡水鱼类，仔鱼孵化后随水流入海，后上溯河川，在淡水中生活。为肉食性鱼类，以小鱼、小型甲壳类为食。分布于洛阳市汝河流域。

**发育繁殖**：繁殖期时常将卵排在有些许水流的石缝中，雄鱼有护卵行为，雄鱼体侧鳞片中央具有蓝色光泽；雌鱼体色不如雄鱼鲜艳，但生殖季节腹部呈现亮蓝色泽。

图7-10 名古屋吻虾虎鱼

# 4.真吻鰕虎鱼

**分类**：脊索动物门，脊椎动物亚门，硬骨鱼纲，鲈形目，鰕虎鱼科，吻鰕虎鱼属，真吻鰕虎鱼。

**英文名**：Barcheek Goby

**拉丁文名**：*Rhinogobius similis*

**基本特征**：真吻鰕虎鱼（图7-11）体长形，前部呈圆筒形，后部侧扁。头宽大，吻圆钝。口端位，口大斜裂。唇肥厚。眼大，上位。背鳍2个，分离。腹鳍愈合成长吸盘。体侧具不规则黑褐色斑块，头部具蠕虫状暗色斑纹。

**生活习性**：小型底栖鱼类，多栖于沿岸浅滩。肉食性，以小型无脊椎动物等为食。广泛分布于全国各大水系的江河湖泊。分布于洛阳市黄河、洛河、汝河等流域。

**发育繁殖**：产卵期为6月，产卵于石砾和沉木上，卵椭圆形，卵粒小。雄鱼有保护鱼卵发育孵化的习性。

图7-11 真吻鰕虎鱼

# 第八章
# 鲀形目

# 1. 光泽黄颡鱼

**分类**：脊索动物门，脊椎动物亚门，硬骨鱼纲，鲇形目，鲿科，黄颡鱼属，光泽黄颡鱼。

**英文名**：Pseudobagrus nitidus

**拉丁文名**：*Pelteobaggrus nitidus*

**基本特征**：光泽黄颡鱼（图8-1）体长形，头部稍扁平，头后体渐侧扁。头顶大部裸露。吻短，稍尖。口下位，略呈弧形。上下颌及腭骨均具绒毛状细齿，唇较肥厚。须4对，上颌须过眼后缘。眼中等大。鼻孔分离，鳃孔宽阔。背鳍具硬刺，后缘具细锯齿。胸鳍具粗壮硬刺，前缘光滑，后缘锯齿发达。腹鳍末端后伸超过臀鳍起点。臀鳍基显著长于脂鳍基。尾鳍深叉形。体裸露无鳞。侧线平直。体侧有2块暗色斑纹，常见个体长8～14厘米。

**生活习性**：在淡水江湖中、下层生活。光泽黄颡鱼全年摄食，在繁殖期摄食强度下降。食物多样性指数春季最高、冬季最低。水生昆虫幼虫和甲壳类为其主要食物。春季和冬季均以双翅目为主，夏季以双翅目和蜻蜓目为主，秋季以蜉蝣目为主。分布于洛阳市黄河、伊河等流域。

**发育繁殖**：光泽黄颡鱼一年可达性成熟，周年中繁殖期长。4～5月产卵。可能为分批产卵的种类。繁殖力较强，绝对怀卵数为992～5671粒。

图8-1 光泽黄颡鱼

# 2. 盎堂拟鲿

**分类**：脊索动物门，脊椎动物亚门，硬骨鱼纲，辐鳍亚纲，鲇形目，鲇亚目，鲿科，拟鲿属，盎堂拟鲿。

**英文名**：Angtang bagrid

**拉丁文名**：*Pseudobagrus ondan*

**基本特征**：盎堂拟鲿（图8-2）体延长，前部略平扁，后部侧扁。吻宽，平扁，圆钝，稍突出。口大，下位，浅弧形，上颌稍突出。须4对，鼻须1对，上颌须1对；额须2对。侧线完整。背鳍第一棘短小，第二棘尖长，锐利，内外缘均无锯齿。脂鳍后端游离。臀鳍与脂鳍相对。胸鳍具一肩宽棘。腹鳍圆形，尾鳍圆形。体茶绿色，有一条黄色带横跨于背鳍前方，并向两侧下方伸展至鳃盖膜上，在背鳍和脂鳍的后方各有一条较宽阔但不规则的黄色短斑条。

**生活习性**：多栖息在山区的河溪内。夜间从潜伏隐蔽处外出觅食。幼鱼食浮游动物、蚊类幼虫及水生昆虫。成鱼除吞食虾类、鱼卵、幼鱼外，还取食跌落水中的陆生昆虫，为肉食性鱼类。分布于洛阳市黄河、洛河、汝河、伊河等流域。

**发育繁殖**：雌体一般在体长100毫米达性成熟。怀卵量在516~864粒之间，成熟卵径1.8~2.0毫米，雄体长达130~160毫米以上性成熟，繁殖期约在5~7月。

图8-2 盎堂拟鲿

# 3.乌苏里拟鲿

**分类**：脊索动物门，脊椎动物亚门，硬骨鱼纲，鲇形目，鲿科，拟鲿属，乌苏里拟鲿。

**英文名**：Pseudobagrus ussuriensis

**拉丁文名**：*Pseudobagrus ussuriensis*

**基本特征**：乌苏里拟鲿（图8-3）体较长，前部宽厚，后部侧扁。体表光滑无鳞，侧线完全，头扁平，头顶有皮膜覆盖，吻钝圆，口下位、横裂。前鼻孔呈短管状，与后鼻孔相距甚远。须4对，鼻须1对。背鳍刺强硬，其后缘仅具齿痕；胸鳍硬刺，后缘具锯齿。尾鳍浅凹，末端圆钝。体背、体侧灰黄色，上部深于下部，腹部白色。

**生活习性**：乌苏里拟鲿广泛分布于黑龙江、乌苏里江、嫩江、松花江、珠江等水域，洪泽湖、太湖也有分布。乌苏里拟鲿喜欢栖息在缓流中。从幼鱼开始即摄食浮游动物和底栖生物。成鱼食物主要为蜉蝣类和毛翅类幼虫、摇蚊幼虫、蚊类等昆虫，小鱼。常年摄食，生殖期及冬季摄食减弱。分布于洛阳市黄河、洛河、伊河等流域。

**发育繁殖**：3年达到性成熟。

图8-3　乌苏里拟鲿

# 4.黄颡鱼

**分类**：脊索动物门，脊椎动物亚门，硬骨鱼纲，鲇形目，鲿科，黄颡鱼属，黄颡鱼。

**英文名**：Banded catfish

**拉丁文名**：*Pelteobagrus fulvidraco*

**基本特征**：黄颡鱼（图8-4）体长，稍粗壮，吻端向背鳍上斜，后部侧扁。吻部背视钝圆。口大，下位，弧形。眼侧上位，眼缘游离。前后鼻孔相距较远；颌须1对。鳃孔大。鳔1室，心形。背鳍小，脂鳍短。臀鳍基底长。胸鳍侧下位。腹鳍短。尾鳍深分叉。活体背部黑褐色，至腹部渐浅黄色。沿侧线上下各有一狭窄的黄色纵带，在腹鳍与臀鳍上方各有一黄色横带，交错形成断续的暗色纵斑块。尾鳍两叶中部各有一暗色纵条纹。

**生活习性**：白天潜伏水底或石缝中，夜间活动、觅食，冬季则聚集在深水处。适应性强。黄颡鱼适于偏碱性水域，pH最适范围7.0～8.5、耐受范围6.0～9.0。黄颡鱼生存水温最佳范围22～28℃。分布于洛阳市黄河、洛河、汝河、伊河等流域。

**发育繁殖**：黄颡鱼为一年一次性产卵型鱼类，自然条件下集群繁殖。繁殖季节在5月中旬至7月中旬。黄颡鱼一般在2龄时性成熟，雌鱼的性成熟较雄鱼早。雌、雄鱼的性腺发育节律基本一致。

图8-4　黄颡鱼

## 二、钝头鮠科

# 司氏鱼央

**分类**：脊索动物门，脊椎动物亚门，硬骨鱼纲，鲇形目，钝头鮠科，鱼央属，司氏鱼央。

**英文名**：Liobagrus styani

**拉丁文名**：*Liobagrus styani*

**基本特征**：司氏鱼央（图8-5）体长形，前躯较圆。肛门以后逐渐侧扁。头宽扁，吻钝圆。上、下颌约等长，颌须最长。外测颏须等于或略短于颌须，鼻须短于外测颏须，内侧颏须最短。上、下颌有绒毛状细齿组成的齿带，下颌齿带中央分离。背鳍起点距吻端小于距脂鳍起点。脂鳍与尾鳍相连，中间有一缺刻，臀鳍平放达到尾鳍下缘基部。胸鳍刺光滑无锯齿。肛门距腹鳍基较距臀鳍起点近。尾鳍圆形。分布于洛阳市汝河、白河、伊河等流域。性成熟年龄较晚，4龄性成熟。

图8-5　司氏鱼央

# 胡子鲇

**分类**：索动物门，脊椎动物亚门，硬骨鱼纲，鲇形目，胡子鲇科，胡子鲇属，胡子鲇。

**英文名**：Hong Kong catfish

**拉丁文名**：*Clarias fuscus*

**基本特征**：胡子鲇（图8-6）体长，背鳍起点向前渐平扁，后渐侧扁。头平扁而宽，呈楔形。吻宽而圆钝。口大，次下位，弧形。上颌略突出。眼小，侧上位。前后鼻孔相隔较远。鼻须位于后鼻孔前缘，末端后伸略过鳃孔；颌须接近或超过胸鳍起点；外侧颏须略长于内侧颏须。鳃孔大，背鳍基长。臀鳍基短于背鳍。胸鳍小，侧下位。腹鳍小，起点位于背鳍起点垂直下方之后。肛门距臀鳍起点较距腹鳍基后端近。尾鳍不与背鳍、臀鳍相连，圆形。

**生活习性**：胡子鲇为热带、亚热带小型底栖鱼类。常栖息于水草丛生的江河、池塘、沟渠、沼泽和稻田的洞穴内或暗处。生性群栖，适应性很强，离水后存活时间较长。以水生昆虫、小虾、寡毛类、小型软体动物和小鱼等为食。分布于洛阳市伊河等流域。

**发育繁殖**：产卵期5～7月，产卵70～200粒，鱼卵受精后，雄鱼离去，雌鱼守穴防敌，直至仔鱼能自由游动觅食方始离去。

图8-6　胡子鲇

# 1.怀头鲇

分类：脊索动物门，脊椎动物亚门，硬骨鱼纲，鲇形目，鲇科，鲇属，怀头鲇。

**英文名**：Soldatov's catfish

**拉丁文名**：*Silurus soldatovi*

**基本特征**：怀头鲇（图8-7）体长，前部纵扁，后部侧扁。头宽。吻长，圆钝。口大，亚上位，口裂后端达眼后缘垂直下方。上、下颌及犁骨均具尖细齿，形成弧形宽齿带，两端尖细。眼小，侧上位。前鼻孔呈短管状，后鼻孔圆形。背鳍小，无硬刺。臀鳍长。胸鳍硬刺较弱，前后缘光滑，鳍条后伸不达腹鳍起点。腹鳍鳍条后伸超过臀鳍起点。尾鳍内凹，上叶略长。体呈褐灰色，侧面色浅，腹部灰白色，体侧有不规则暗纹。

**生活习性**：怀头鲇属温水性鱼类，最适生长水温为18～26℃。怀头鲇是凶猛的肉食性鱼类，不活泼，白天多栖息于水体底层，夜间游至浅水处觅食。秋后则居于深水或在污泥中越冬。冬季摄食强度减弱。主要分布于黑龙江水系黑河市到抚远市江段、松花江、嫩江及乌苏里江等，辽河下游也产。分布于洛阳市伊河等流域。

**发育繁殖**：4龄体长40厘米左右性成熟。7月产卵，怀卵量5万～10万粒，卵黏性，灰绿色。

图8-7　怀头鲇

# 2. 鲇

**分类**：脊索动物门，脊椎动物亚门，硬骨鱼纲，鲇形目，鲇科，鲇属，鲇。

**英文名**：Amur catfish

**拉丁文名**：*Silurus asotus*

**基本特征**：鲇（图8-8）又名塘虱鱼。其体延长，全身外部轮廓呈"凿"形。头部扁平，吻宽且纵扁。下颌突出，上、下颌及犁骨上有密而骨质的细齿。眼小，侧上位，为皮膜覆盖。背鳍短小，腹鳍无硬刺。臀鳍基部甚长，后端与尾鳍相连。胸鳍圆形，侧下位。尾鳍微凹，上、下叶等长。体色一般呈褐灰色，体侧色浅，具不规则的灰黑色斑块，腹面白色，各鳍色浅。

**生活习性**：鲇昼间多潜隐于深水处，适应性强，栖息底层，游动迟缓，耐低氧，夜间觅食。鲇颌齿锋利，肠短，有胃，肉食性鱼类。野外环境中鱼苗阶段可摄食轮虫、水蚤、水蚯蚓及其他鱼苗。鱼种、成鱼阶段则以小型鱼类、无脊椎动物、水生昆虫的幼体等为食。冬季摄食强度较低。分布于洛阳市黄河、洛河、伊河、汝河等流域。

**发育繁殖**：鲇的产卵一般在4月下旬至6月下旬的临时水域（稻田）进行，一般与降雨有关，卵大，具黏性，每次可产卵3000～5000粒，卵呈绿色。

图8-8　鲇

# 第九章

# 鲑形目

# 1. 麦奇钩吻鲑

**分类**：脊索动物门，脊椎动物亚门，硬骨鱼纲，鲑形目，鲑科，钩吻鲑属，麦奇钩吻鲑。

**英文名**：Rainbow trout

**拉丁文名**：*Oncorhynchus mykiss*

**基本特征**：麦奇钩吻鲑（图9-1）体呈纺锤形，稍侧扁。吻圆钝。口端位，口裂大，向上微斜。颌齿发达。眼中大。体被细小圆鳞。背鳍单一，软条数11～12；背鳍稍后方有一脂鳍；臀鳍软条数11～12；腹鳍有腋突；尾鳍叉形。一般体背侧为灰绿色、苍绿或黄绿色，体侧和腹部银白色，散布黑色小斑点。背鳍与尾鳍密布黑点，腹鳍灰白色。体侧沿侧线中部有一条宽而鲜艳的紫红色彩虹带，延伸至尾鳍基部。性成熟雄鱼的下颌增大，向上弯曲成钩状，繁殖期时体侧中央的纵带颜色艳丽。

**生活习性**：麦奇钩吻鲑生活极限温度0～30℃，适宜生活温度为12～18℃。肉食性鱼类。产卵期照常捕食，会进行短距离迁移，溯河产卵型或湖泊型的鱼则会进行长距离迁移。分布于洛阳市黄河、洛河、伊河等流域。

**发育繁殖**：在河川或支流中产卵，雌鱼掘产卵坑，雄鱼保护雌鱼，卵沉性。个体怀卵量10000～13000粒，分多次产出。每个产卵坑通常有受精卵800～1000粒。

图9-1 麦奇钩吻鲑

# 2.虹鳟

分类：脊索动物门，脊椎动物亚门，硬骨鱼纲，鲑形目，鲑科，太平洋鲑属，虹鳟。

英文名：Rainbow trout

拉丁文名：*Oncorhynchus mykiss*

基本特征：虹鳟（图9-2），是鲑科、太平洋鲑属的一种鲑鱼。体长形，中等侧扁；体长为体高的3.8～4.1倍，为头长的3.6～3.7倍；体高为体宽的1.9～2.3倍。鳞很小；头部无鳞；眼鳍基上缘有长腋鳞。背鳍、脂背鳍与尾鳍有许多小黑点，其他鳍灰黑色，基部较淡。

生活习性：原产于北美洲的太平洋沿岸及堪察加半岛一带。为底层冷水性鱼类。以陆生和水生昆虫、甲壳类、贝类、小鱼、鱼卵为食，也食水生植物的叶和种子。在海里生活时则以小鱼及头足类为食。会进行短距离迁移，溯河产卵型或湖泊型鱼种则会进行长距离迁移。产卵期照常捕食。分布于洛阳市洛河、伊河流域。

发育繁殖：雄鱼头大吻端尖，雌鱼吻钝而圆。雌鱼3龄性成熟，雄鱼2龄性成熟。产卵场地在有石砾的河川或支流中，卵沉性。每个产卵坑通常有受精卵800～1000粒，个体怀卵量10000～13000粒。

图9-2　虹鳟

# 池沼公鱼

**分类**：脊索动物门，脊椎动物亚门，硬骨鱼纲，鲑形目，胡瓜鱼科，公鱼属，池沼公鱼。

**英文名**：Cucumber fish

**拉丁文名**：*Hypomesus olidus*

**基本特征**：池沼公鱼（图9-3）体细长稍侧扁，头小而尖，头长大于体高。口大，前位，上、下颌及舌上均具有绒毛状齿。上颌骨后延不达眼中央的下缘，眼大。鳞大，侧线不明显。背鳍大于体高；脂鳍末端游离呈屈指状；胸鳍小；尾柄细，尾鳍分叉很深。背部为草绿色，稍带黄色；体侧银白色；鳞片边缘有暗色小斑；各鳍为灰黑色。

**生活习性**：池沼公鱼分布于黑龙江、图们江下游以及鸭绿江中下游。池沼公鱼平时栖息于水温低、水质清晰的江口咸淡水区或者大江的下游水域中，喜在岸边游动，当水温升高时便游向支流。分布于洛阳市黄河、金水河、瀍河等流域。

**发育繁殖**：产卵时间为4～5月，水温7～10℃，产卵场所为底质砂砾的区域，卵黏附于砂砾上。幼鱼随流而下，进入湖泊、河流中生活。池沼公鱼主食桡足类、枝角类和甲壳类动物。

图9-3　池沼公鱼

# 1.小银鱼

**分类**：脊索动物门，脊椎动物亚门，硬骨鱼纲，鲑形目，银鱼科，小银鱼属，小银鱼。

**英文名**：Whitebait

**拉丁文名**：*Grunion*

**基本特征**：小银鱼（图9-4），体细长。近圆筒形，后段略侧扁，体长约12厘米。头部极扁平。眼大，口亦大，吻长而尖，呈三角形。上下颌等长；上下颌骨、口盖上有细齿，下颌骨前部具犬齿1对。背鳍Ⅱ 11～13，略在体后3/4处。胸鳍8～9。臀鳍Ⅲ23～28，与背鳍相对；雄鱼臀鳍基部两侧各有一行大鳞，18～21个。背鳍和尾鳍中央有一透明小脂鳍。体柔软无鳞，全身透明。

**生活习性**：小银鱼原产地太湖，终生生活于湖泊水的中上层。适宜生长水温和产卵水温分别为20～30℃、10～22℃。终生以浮游动物为食。分布于洛阳市汝河、白河、伊河流域。

**发育繁殖**：半年便成熟，1冬龄亲鱼即能产卵，生殖后不久便死亡。繁殖期在6～7月，个体小、繁殖力强、数量多，绝对怀卵量为1000～5000粒。卵沉性。

图9-4 小银鱼

# 2. 太湖新银鱼

**分类**：脊索动物门，脊椎动物亚门，硬骨鱼纲，鲑形目，银鱼科，新银鱼属，太湖新银鱼。

**英文名**：Neosalanx taihuensis

**拉丁文名**：*Neosalanx taihuensis*

**基本特征**：太湖新银鱼（图9-5）体细长，略呈圆筒形，后段较侧扁，个体小，最大个体长仅80毫米；头部平扁，呈三角形。吻短，口小，上、下颌骨各有一排细齿。胸鳍小，背鳍后方有一小而透明的脂鳍。体表无鳞，雄鱼臀鳍基部两侧各有一排较大的鳞片。全体透明，各鳍较透明，无色，体侧每边沿腹面各有一行黑色素小点。

**生活习性**：太湖新银鱼终生生活于湖泊内，浮游在水的中、下层，以浮游动物为主食，也食少量的小虾和鱼苗。半年即达性成熟，1冬龄亲鱼即能繁殖，产卵期为4～5月，生殖后不久便死亡。分布于长江中、下游的附属湖泊中。分布于洛阳市黄河流域。

**发育繁殖**：太湖新银鱼一般于3月下旬开始成熟产卵，高峰期出现4月中上旬。小银鱼在下午2：00—6：00产卵活动旺盛。

图9-5 太湖新银鱼

# 3. 大银鱼

**分类**：脊索动物门，脊椎动物亚门，硬骨鱼纲，鲑形目，银鱼科，大银鱼属，大银鱼。

**英文名**：Silver fish

**拉丁文名**：*Protosalanx hyalocranius*

**基本特征**：大银鱼（图9-6）体细长，头平扁；吻尖长；鼻孔2个，距眼较近。眼小，圆形，侧上位。前颌骨正常，下颌突出，稍长于上颌，上颌骨后端伸达眼下方。鳃盖膜与峡部相连，有假鳃。体无鳞，雄鱼臀鳍基部有20～29枚大臀鳞。无侧线，臀鳍基较长，完全位于背鳍之后；胸鳍较宽，扇形；腹鳍小，与肛门间有皮褶隆起；尾鳍叉形。

**生活习性**：大银鱼为冷温性鱼类，栖息于海水、淡水、咸淡水中，为无胃型凶猛鱼类。其幼鱼和成鱼食性差异较大，幼鱼阶段食浮游动物及藻类，体长80毫米以后逐渐向肉食性转变，在食性转化阶段具有同种残食现象。分布于洛阳市黄河、汝河、白河、伊河流域。

**发育繁殖**：大银鱼分批产卵，产卵期较长，均在12月至翌年3月，盛产期短，仅3～5天。产卵水温范围为2～8℃。大银鱼为群体产卵，一年至少产两次卵，第二次产卵后的大银鱼不久便死亡。

图9-6　大银鱼

# 参考文献

[1] 刘洪军，宋爱环.加强水产种质资源保护利用[J].中国水产，2020（9）：31-32.

[2] 张超峰，韩曦涛.郑州黄河鲤种质资源现状及保护对策[J].河南水产，2016，（1）：4-6.

[3] 王延晖，张芹，王冰柯，等.黄河鲤全基因组选择信号分析[J].水产科学，2024，43（2）：264-272.

[4] 新乡师范学院生物系鱼类志编写组.河南鱼类志[M].郑州：河南科学技术出版社，1984.

[5] 李思忠.黄河鱼类志[M].青岛：中国海洋大学出版社，2017.

[6] 王俊.黄河干流中下游及河口海域渔业资源评价与管理[M].北京：科学出版社，2021.

[7] 李思忠.中国淡水鱼类的分布区划[M].北京：科学出版社，1981.

[8] 中国科学院动物研究所，中国科学院海洋研究所，上海水产学院.南海鱼类志[M].北京：科学出版社，1962.

[9] 朱元鼎，张春霖，成庆泰.东海鱼类志[M].北京：科学出版社，1963.

[10] 国家水产总局南海水产研究所.南海诸岛海域鱼类志[M].北京：科学出版社，1979.

[11] 中国科学院海洋研究所.中国海洋鱼类原色图集（1、2）[M].上海：上海科学技术出版社，1992.

[12] 陈洁潮.南沙群岛车华南沿岸的鱼类（一）[M].北京：科学出版社，1997.

[13] 刘蝉馨，秦克静，等.辽宁动物志·鱼类[M].沈阳：辽宁科学技术出版社，1987.

[14] 孟庆闻，苏锦祥，李婉端.鱼类比较解剖[M].北京：科学出版社，1987.

[15] 张词祖，张斌.海水观赏鱼[M].北京：中国林业出版社，2003.

[16] 张斌.世界观赏鱼[M].石家庄：河北科学技术出版社.2003.

[17] 王丹，赵亚辉，张春光.中国海鲇属丝鳍海鲇（原中华海鲇）的分类学厘定及其性两型[J].动物学报，2005，51（3）：431-439.

[18] 吴仁协，刘静，樊冀蓉，等.黑棘鲷的命名和分类地位探究[J].海洋科学，2011，35（5）：117-11932.

[19] 台湾鱼类资料库.http：//fishdb.sinica.edu.tw

[20] 台湾动物名录.http：//taibnet，sinicn.edu.tw/chi/taibnet_species_detail.php？name

[21] 中国生物物种名录2009版，http：/dnta.sp2000.cn/2009_ennode_e/search.php37

[22] 国家水产种质资源平台.http：//zzzy.fishinfo.cn

[23] 中国淡水鱼类原色图集.http：//hyg.ycit.en/frefishbook

[24] 中国动物物种编目数据库.http：//www.bioinfo.cn/dbo5/BjdwSpecies.php

[25] 维基百科·自由的百科全书.http：//zh.wikipedin.org/wiki44.水产养殖百科网.http：//www.59haike.com

[26] 台湾大学动物博物馆.http：//archive，zo.ntu.edu.tw/fish_list.asp

[27] 中日英鱼类专门辞典.http：//qingdaones.org/dic/sp_fish.hum

[28] "水生生物图片挥"之鱼类图片库.http：//www.med66.com/html/ziliao/yixue/2/

[29] 鱼类图谱目录.http：//www.qdio，ar.cn：8088/yangzhi/ylip..htm